AutoUni – Schriftenreihe

Band 175

Reihe herausgegeben von

Volkswagen Aktiengesellschaft, Volkswagen Group Academy, Volkswagen Aktiengesellschaft, Wolfsburg, Deutschland

Marcel Deutzer

Ein Ansatz zur Reduktion von reiberregten Flatter-Instabilitäten durch Manipulation ausgewählter Eigenfrequenzen

 Springer Vieweg

Marcel Deutzer
AutoUni
Wolfsburg, Deutschland

ISSN 1867-3635   ISSN 2512-1154 (electronic)
AutoUni – Schriftenreihe
ISBN 978-3-658-46763-0   ISBN 978-3-658-46764-7 (eBook)
https://doi.org/10.1007/978-3-658-46764-7

Die Deutsche Nationalbibliothek verzeichnet diese Publikation in der Deutschen Nationalbibliografie; detaillierte bibliografische Daten sind im Internet über https://portal.dnb.de abrufbar.

Planung/Lektorat: Friederike Lierheimer
Springer Vieweg ist ein Imprint der eingetragenen Gesellschaft Springer Fachmedien Wiesbaden GmbH und ist ein Teil von Springer Nature.
Die Anschrift der Gesellschaft ist: Abraham-Lincoln-Str. 46, 65189 Wiesbaden, Germany

Wenn Sie dieses Produkt entsorgen, geben Sie das Papier bitte zum Recycling.

Danksagung

In der schwierigen Zeit der Pandemie fand dieses Projekt statt. Trotz der Widrigkeiten haben die Menschen auf der Welt Wege gefunden, um weiter an dem Fortschritt der Wissenschaft zu arbeiten. Mein ganz besonderer Dank gilt daher Norbert, sowie der TU Hamburg, ohne die dieses Projekt nicht in dieser Form umsetzbar gewesen wäre. Des Weiteren bedanke ich mich vielmals bei meinem zweiten Gutachter Prof. von Wagner und dem Vorsitzenden des Prüfungsausschusses Prof. Kriegesmann für die Realisierung des letzten Schrittes meines Promotionsvorhabens.

Lieber Norbert, ich bedanke mich herzlich bei dir für das Vertrauen in mich dieses interessante Thema bearbeiten zu dürfen. Ich habe jede unserer wertvollen Austauschrunden genossen und freue mich auf die noch Kommenden. Mit deinem umfangreichen und tiefen Fachwissen bist du die wohl wichtigste Bereicherung für meine Zeit in diesem Projekt gewesen! Deine freundliche, angenehme und humorvolle Art hat in der einen und anderen schwierigen Situation meinen Blick auf das Wesentliche gelenkt. Schlussendlich hast du mit deinem umfassenden Know-How aus Wissenschaft und Industrie meine Arbeit nicht nur wissenschaftlich weiter gebracht, sondern auch für die Anwendbarkeit bei Volkswagen wesentlich bereichert.

Liebe Kollegen von Volkswagen, in meiner Zeit als Doktorand habe ich nicht nur förderliche Diskussionen mit euch geführt, sondern auch wertvolle, neue Freunde kennengelernt. Ohne euch, Aaron, Florian, Matthias, Nicolas, Thilo und Ronald, wäre dieses Projekt wohl nie entstanden. Eure kritischen Fragen haben maßgeblich zur Reife dieses Projekts beigetragen. Auch meinem ehemaligen AUDI Kollegen Prof. Merten Stender möchte ich auf diesem Weg herzlich danken. Dein Ehrgeiz und deine Disziplin haben mich stets inspiriert und haben nicht zuletzt zu einer gemeinsamen Veröffentlichung und bedeutenden Projekten geführt.

Liebe Familie und Freunde, auch ohne euch wäre dieses Projekt nicht möglich gewesen. Ihr habt mir in schwierigen Zeiten zugehört und ich konnte mich auf euch in dieser langen Zeit immer verlassen. Besonders dir, Mama, möchte ich herzlichst danken! Du hast die Grundlage für dieses Projekt geschaffen, indem du mich mit deiner ganzen Liebe groß gezogen und in allen Bereichen unterstützt hast. Auch meinen Freunden Fabian, Lucas, Dennis und Kevin möchte ich für die unvergesslichen Momente in meinem Studium und die unterstützenden Gespräche danken.

Meine liebste Lara, gemeinsam sind wir in dieses Projekt gestartet und verlobt beenden wir es. Du hast mich an langen Arbeitstagen am meisten unterstützt und mich auch an die Wichtigkeit von Erholungen erinnert. In unzähligen Momenten hast du mir gespannt zugehört, wenn ich mal wieder über mein Projekt philosophiert habe. Ich kann dir nicht genug danken für das, was du alles für mich getan hast!

Kurzzusammenfassung

Bremsenquietschen ist ein hochfrequentes Störgeräusch, emittiert durch die Scheibenbremse eines Fahrzeug. Die dynamische Flatter-Instabilität, auch Modenkopplung genannt, wird oft für die Emission von Bremsenquietschen verantwortlich gemacht. Die selbsterregte Reibschwingung des hochdimensionalen, dynamischen Bremssystems führt zu der Annäherung und Kopplung der Frequenzen von benachbarten komplexen Eigenwerten infolge eines variablen Reibkoeffizienten zwischen den Bremsbelägen und der Bremsscheibe. Zur Vermeidung der Flatter-Instabilität muss der Abstand der koppelnden Frequenzen durch Strukturoptimierungen vergrößert werden, ohne eine weitere Modenkopplung zwischen den vielen anderen, komplexen Eigenwerten des Bremssystems zu generieren. An welchen Strukturbereichen muss eine Bremsenkomponente des Bremssystems strukturell modifiziert werden, um eine ausgewählte Frequenz zu einem definierten Zielwert zu bringen und simultan weitere Frequenzen an deren Ausgangswerten halten? Mit der vorliegenden Arbeit wird zur Beantwortung dieser Frage eine Methode zur Eigenfrequenzoptimierung im Bereich der evolutionären Topologieoptimierung für binäre Entwurfsräume und strukturierte Rechengitter unter Einbindung eines Ansatzes zur Modenverfolgung entwickelt. An zwei geometrisch verschiedenen Einzelkomponenten wird das hohe Potential der entwickelten Methode in der Änderung ausschließlich eines Frequenzwerts aufgezeigt und die Limitierungen des Ansatzes werden bestimmt. Abschließend wird die Methode in einen Gesamtansatz zur Identifikation und Änderung von komplexen Eigenwerten eingebettet und auf ein Bremsengesamtmodell angewendet. Unter Anwendung eines Design of Experiment Ansatzes wird die erfolgreiche Vermeidung der originär vorliegenden Flatter-Instabilität für eine große Anzahl an instabilitätsinduzierenden Betriebsparameter aufgezeigt.

Abstract

Brake squeal is a high-frequency noise emitted by the disc brake of a vehicle. Dynamic flutter instability, also called mode coupling, is often held responsible for brake squeal emission. The self-excited frictional vibration of the high-dimensional, dynamic braking system results in the convergence and coupling of the frequencies of adjacent complex eigenvalues due to a variable friction coefficient between the brake pads and the brake disc. To avoid a flutter instability, the spacing of the coupling frequencies must be increased by structural optimization without generating further mode coupling between the many other complex eigenvalues of the brake system. Which locations on the structure of a braking component of the braking system must be structurally modified to bring a selected frequency to a defined target value, while simultaneously fixing other frequencies at their initial values? To answer this question, the present work develops a method for eigenfrequency optimization in the field of evolutionary gradient-free topology optimization for binary design spaces and structured numerical grids, incorporating a mode tracking approach. Using two geometrically different individual components, the high potential of the developed method in changing only one frequency value is demonstrated and the limitations of the approach are determined. Finally, the method is embedded in an overall approach for the identification and modification of complex eigenvalues and applied to a brake model. Using a design of experiment approach, the successful avoidance of the original flutter instability is demonstrated for a large number of instability-inducing operating parameters.

Inhaltsverzeichnis

Symbolverzeichnis

Konventionen[1]

x	Skalarer Wert in kursiv
$\mathbf{x}$	Vektor in fett
X	Matrix in fett und kursiv
$[\dot{\ }][\dot{\ }]$	Erste Ableitung nach der Zeit
$[\ddot{\ }]$	Zweite Ableitung nach der Zeit
$[\ ]^T$	Transponiert
$[\ ]^*$	Projektion
$[\bar{\ }]$	Mittelwert
$[\tilde{\ }]$	Variation des Werts
$[\check{\ }]$	Approximation
$[\hat{\ }]$	Modaler Oberraum

Römische Zeichen

A	Flächeninhalt
$\mathbf{a}$	Kosten-/Zielfunktion

---

[1] Matrizen und Vektoren sind entsprechend der unten aufgeführten Konvention deklariert. Die Akzentuierung einer Größe wird zudem angegeben. Abweichungen zu den hier global formulierten Konventionen sind im Text angegeben.

b	Asymptote des MMA Approximationsverfahrens
$\mathbf{c}$	Manipulationswert der Lagrange-Multiplikatoren
d	Geometrischer Abstand
D	Dämpfungsmatrix
E	Young's Modul
e	Euler-Zahl mit e = 2,71828...
f	Frequenz
$\mathbf{F}$	Kraftvektor
$\mathbf{g}$	Gütefunktion
H, $\mathbf{h}$	(Un-)Gleichheitsrestriktion als Matrix und Vektor
i	Iteration Index der Freiheitsgrade des dynamischen Systems
j	Iteration Index der Freiheitsgrade des Optimierungsmodells
K	Steifigkeitsmatrix
$\mathbf{L}$	Lagrange-Funktion
l	Menge an untergeordneten Moden des Optimierungsproblems
M	Massenmatrix
m, $\mathbf{m}$	Masse(-nvektor)
n	Anzahl der Freiheitsgrade des dynamischen Systems
o	Anzahl der Freiheitsgrade des Optimierungsmodells
p, q	Iteration Indizes der Restriktionen
$\mathbf{R}$	Summe der Modenamplituden der konstant zu haltenden Eigenwerte
r	Radius des Sensitivitätsfilters
S	Menge an sichtbaren Voxel
s	Anzahl der (Un-)Gleichheitsrestriktionen
T	Teilungsfaktor der Schrittweitensteuerung
t	Zeit
U	Verschiebungsdichte
u	Index der Verschiebungsamplituden
v	Anzahl der sichtbaren Voxel
$\tilde{v}$	Basiswert: Anzahl der sichtbaren, zu verändernden Voxel
V	Volumen
w	Gewichtungsfaktor
$\mathbf{x}$	Zustandsvektor
$\mathbf{y}$	Systemantwort
z	Optimierungsiteration

Griechische Zeichen

α	Bestrafungsfaktor der Optimierungsmethoden
β	Bestrafungsfaktoren der Gütefunktionen
γ	Lagrange-Multiplikator der Ungleichheitsrestriktionen
Γ	Rand eines Strukturgebiets
ε	Index der Dehnungsamplituden
ζ	Entwurfsvariable
η	Lagrange-Multiplikator der Gleichheitsrestriktionen
Θ	Skalierungswert für eine lineare Abbildung
ϑ	Logarithmische Wachstumsrate der Schrittweitensteuerung
ι	Skalierungswert zur Richtungsänderung der Frequenzverschiebung
κ	Manipulationsparameter des Wendepunkts der Sigmoid-Funktion
Λ, λ	(Matrix der) Eigenwerte
μ	Reibkoeffizient zwischen Bremsbelägen und Bremsscheibe
Π	Erweiterungsterme des Taylor-Polynoms 1. Ordnung
$\vec{\varrho}$	Materialdichte
τ	Modulationsparameter der Schrittweitensteuerung
Ξ	Maß für die Ähnlichkeit von Eigenformen (MAC)
ξ	Betriebsparameter des Bremssystems
Φ, φ	(Matrix der) Verschiebungsamplituden der Eigenmoden
χ	Menge an Entwurfsvariablen
Ψ, ψ	(Matrix der) Dehnungsamplituden der Eigenmoden
Ω	Strukturgebiet

Sonstige Zeichen

$\Im$	Imaginärteil
$\mathbb{C}$	Komplexer Zahlenraum
$\Re$	Realteil
$\mathbb{R}$	Reeller Zahlenraum
$\emptyset$	Nullmenge

Indizes

anl	Anlagern
el	Element
ent	Entfernen
fil	Filter
gen	Generalisiert
grenz	Grenzwert
gy	Gyroskopisch
k	Zu verändernde Größe
kn	Knoten
krit	Kritisch
matd	Materialdämpfung
max	Maximum
min	Minimum
mod	Modifikation
neg	Negativ
nl	Nicht-linear
norm	Normiert
normal	Normal zum Bezugssystem wirkend
ober	Obere Schranke eines Wertebereichs
pos	Positiv
prio	Priorisiert
R	Betrag eines Vektors
reib	Reibung
rel	Relativwert zwischen zwei Bezugssystemen
rot	Rotation
start	Startwert
stat	Statisch
tangential	Tangential zum Bezugssystem wirkend
unter	Untere Schranke eines Wertebereichs

Abkürzungsverzeichnis

abst	Abstand
BAF	Bremsdruckapplikationsfläche
BESO	Bi-directional Evolutionary Structural Optimization
CAD	Computer Aided Design
diag	Diagonalmatrix
DoE	Design of Experiment
EMA	Experimentelle Modalanalyse
engl.	Englisch
FDM	Finite Differenzen Methode
FEM	Finite Element Methode
FHG	Freiheitsgrad
FRF	Frequenzübertragungsfunktion
KEA	Komplexe Eigenwertanalyse
KKT	Karush-Kuhn-Tucker Bedingung
LHS	Lateinisches Hyperwürfel-Verfahren
MAC	Modal Assurance Criterion
MMA	Methode der bewegten Asymptoten
NVH	Noise, Vibration und Harshness
REA	Reelle Eigenwertanalyse
SERA	Sequential Element Rejection and Admissions
sgn	Signum-Funktion
SIM	Ähnlichkeit von zwei Geometrien
SIMP	Solid Isotropic Material with Penalization
vgl.	Vergleiche zu
Voxel	Volumetrische Pixel

Abbildungsverzeichnis

Tabellenverzeichnis

Einleitung

Im Alltag existiert eine Vielzahl an Störgeräuschen, die das Leben eines Menschen negativ beeinträchtigen können. In der Fahrzeugtechnik stellt das Bremsenquietschen der Scheibenbremsen von Personenkraftwagen ein prominentes Beispiel dar. Weltweit sind im Jahr 2020 über 65 Millionen Personenkraftwagen produziert worden [1]. In Deutschland berechtigen quietschende Radbremsen eines Neufahrzeugs zum Rücktritt des Kaufvertrags, wie das Kammergericht in Berlin 2013 als Präzedenzfall entschieden hat [2]. In der Entwicklung von Radbremsen nimmt somit die Vermeidung von Bremsenquietschen einen hohen Stellenwert ein.

Die dynamische Flatter-Instabilität wird oft als Ursache für das Bremsenquietschen verantwortlich gemacht [3]. Infolge der Reibung zwischen der Bremsscheibe und den Bremsbelägen einer Radbremse entsteht eine selbsterregte, instabile Reibschwingung, die die Schwingung des dynamischen Bremssystems anfacht und schließlich zur Emission des bekannten, hochfrequenten Störgeräuschs führt. Ingenieure im Bereich der NVH (Noise, Vibration, Harshness) aus Wissenschaft und Industrie forschen bereits seit Jahrzehnten, um neuartige Ansätze zur Reduktion von Bremsenquietschen zu erstellen. Das Ziel dieser Ansätze ist entweder die Reduktion der Anfachungsrate oder die Vermeidung einer Flatter-Instabilität. Für den ersten Fall werden im Entwicklungsprozess oft erfahrungsbasierte Sekundärmaßnahmen, wie das Aufbringen von Shims auf die Belagrückenplatten oder das Anfasen der Beläge, genutzt [4]. Diese Maßnahmen werden oft durch Trial-and-Error Ansätze für die vorherrschende Flatter-Instabilität ausgelegt [4]. Ein weiterer, vielversprechender Ansatz zur Vermeidung einer Flatter-Instabilität ist die Strukturmodifikation einer ausgewählten Bremsenkomponente. Hierfür wird sich einer Stabilitätsberechnung mittels eines Simulationsmodells auf Basis der **F**initen **E**lement **M**ethode (**FEM**) bedient [5]. Die Beteiligung der ausgewählten Bremsenkomponente wird für eine dominante Flatter-Instabilität bestimmt. Mit gezielten Strukturänderungen wird

M. Deutzer, *Ein Ansatz zur Reduktion von reiberregten Flatter-Instabilitäten durch Manipulation ausgewählter Eigenfrequenzen*, AutoUni – Schriftenreihe 175, https://doi.org/10.1007/978-3-658-46764-7_1

versucht, ausgewählte Eigenfrequenzen der Bremsenkomponente anzupassen und auf diesem Weg die Flatter-Instabilität zu unterbinden. Jedoch werden mit diesen Strukturmodifikationen meist weitere Flatter-Instabilitäten bei anderen Frequenzen erzeugt. In der vorliegenden Arbeit wird daher ein Optimierungsansatz erarbeitet, um mittels gezielter Strukturanpassungen eine ausgewählte Eigenfrequenz einer Einzelkomponente oder eines Gesamtmodells zu verschieben, während andere „benachbarte" Eigenfrequenzen auf ihre Ausgangswerte gehalten werden. Der Ansatz wird in ein Optimierungswerkzeug für eine Topologieoptimierung der Einzelkomponenten eingebettet. Mit dem Optimierungsansatz wird eine physikalische Interpretierbarkeit der Kausalität von erfolgter Strukturmodifikation zu resultierender Frequenzänderung geschaffen. Abschließend wird der Optimierungsansatz in einen Gesamtansatz zur Stabilitätsberechnung eingesetzt und für die Vermeidung einer Flatter-Instabilität genutzt.

Für die Einordnung der vorliegenden Arbeit ist die Kenntnis aktueller und bisheriger Forschungen in diesem Themenbereich notwendig. Aus diesem Grund wird im Folgenden der Stand der Forschung zur Bewertung und Optimierung des Geräuschverhaltens einer Bremse dargestellt. Eine Eingrenzung des Themenbereichs zur Vorstellung verwendeter Methoden wird gezeigt. Abschließend werden Limitierungen und Ziele für die vorliegende Arbeit abgeleitet.

1.1   Stand der Forschung

In heutigen Fahrzeugen des Personenkraftverkehrs werden für gewöhnlich Reibungsbremsen verbaut. Diese Reibungsbremsen generieren auf Wunsch des Fahrers eine Reibkraft zwischen Bremsbelägen und Bremsscheibe. Infolgedessen wird das Fahrzeug verzögert. Weil der Elektromotor von Elektrofahrzeugen bestimmte Verzögerungsbereiche nicht bedienen kann, gilt auch die Reibungsbremse weiterhin als essenzieller Bestandteil des Fahrwerks moderner Fahrzeuge. Jedoch erzeugt die Reibung eine komplexe Energieeinleitung in das Fahrwerk und kann zu verschiedenen reiberregten Geräuschphänomenen führen. Diese Geräuschphänomene werden unterschieden nach dem zugrundeliegenden Instabilitätsmechanismus und dem Frequenzbereich, in dem diese emittiert werden. Zu nennen sind hier z. B. das Knarzen, Rubbeln, Muhen und das hoch- und niederfrequente Bremsenquietschen. In der Literatur ist eine Unterscheidung dieser Störgeräusche nach Frequenzbereichen zu finden. Die meisten Literaturquellen ordnen das Quietschen einem Frequenzbereich von 1 kHz bis 20 kHz zu [6]. Für das niederfrequente Bremsenquietschen legt man oft einen Bereich von 1 kHz bis 5 kHz fest [7]. Charakteristisch für das niederfrequente Bremsenquietschen ist die Beteiligung von mehreren Bremsenkomponenten [4]. Im hochfrequenten Bereich von über 5 kHz bis zu 20 kHz bestimmt maßgeblich die Bremsscheibe mit den Bremsbelägen die Emission von Bremsenquietschen [3, 8].

1.1.1 Reiberregte Flatter-Instabilität

Eine weitere Unterteilung kann nach dem zugrundeliegenden Instabilitätsmechanismus erfolgen. Im Folgenden wird sich auf das Bremsenquietschen beschränkt. Bereits Anfang des 20. Jahrhunderts hat Mills [9] eine Möglichkeit aufgezeigt, wie Reibung durch nicht-konservative Kräfte das dynamische System anregen und zur Schallabstrahlung führen kann. Die Arbeit macht die Wechselwirkung der zum Kontakt parallel herrschenden Reibkräfte zwischen Bremsbelag und Bremsscheibe für das Bremsenquietschen verantwortlich und begründet die Ergebnisse mit der Charakteristik der Reibkennlinie [9]. Im Bereich geringer Geschwindigkeiten sinkt der Reibkoeffizient zwischen Belag und Bremsscheibe mit steigender Relativgeschwindigkeit, was zur Energieeinleitung und Anregung der Bremse führt. Experimente haben demgegenüber gezeigt, dass aufgrund der Elastizität des Bremssystems auch eine laterale Bewegungskomponente zur Anregung beiträgt [10]. Zudem kann Bremsenquietschen auch bei höheren Geschwindigkeiten auftreten, in welchen Bereichen der Reibkoeffizient zur Relativgeschwindigkeit proportional steigt und somit die Argumentation von Mills [9] ungenügend ist. Auf die von Mills beschriebene Art der Erzeugung des Bremsenquietschens wird sich in diesem Abschnitt deshalb nicht näher konzentriert. Demgegenüber führen die Arbeiten von North [11] die Entstehung von Bremsenquietschen auf *Follower Forces* zurück, welche als Reibkräfte unabhängig von der Reibkennlinie sind. Arbeiten wie die von Hoffmann oder Ouyang [5, 12] erweitern die Erkenntnisse von North [11], indem diese zusätzlich die Elastizität der Kontaktpartner berücksichtigen, welche in Verbindung mit Reibung die Ruhelage des Bremssystems stört und zu einer aufklingenden Schwingung führt. Es stellt sich eine zirkulatorische, stationäre, nichtkonservative Bewegung ein, die eine Schwingung der Bremse und die Emission von Bremsenquietschen ermöglicht. In der vorliegenden Arbeit wird sich auf diese zirkulatorische Anregung für das Entstehen des Bremsenquietschens durch Reibung beschränkt, welche als Flatter-Instabilität oder auch Modenkopplung bezeichnet wird [12, 13].

Im Bereich der Strukturdynamik sind unzählige Abhandlungen veröffentlicht worden, um die Flatter-Instabilität zu beschreiben. Aus diesem Grund wird in dieser Arbeit nur auf die bekanntesten Ansätze eingegangen. Generell ist eine Unterscheidung in experimentelle und simulative Ansätze möglich. Da die vorliegende

Arbeit sich auf die simulativen Methoden beschränkt, werden auch nur diese im Folgenden beleuchtet. Für die Darstellung einer Flatter-Instabilität reichen bereits reduzierte Modelle aus, bestehend aus räumlich angeordneten Massen und Federn, welche auch Minimalmodelle genannt werden. Mit dem wohl am meisten vereinfachten Modell nach Hoffmann [12] kann die Flatter-Instabilität an einem Einfreiheitsgradschwinger mit vorherrschendem Kontakt inklusive Reibung und zwei variabel schräg zueinander angeordneten Federn ermittelt werden. Die Arbeiten von Hoffmann [12] identifizieren das Steifigkeitsverhältnis der Federn, die Kopplungssteifigkeit zum Reibkontakt und die Phasenverschiebung der Moden als die relevanten Größen zur Einleitung einer Flatter-Instabilität. Die Übertragbarkeit der physikalischen Deutung dieses Minimalmodells auf komplexe, reale Bremsenmodelle ist aufgrund der erheblichen Vereinfachung erschwert. Aus diesem Grund sind weitere Minimalmodelle zur Beschreibung von praktischen Problemen entstanden. Ein übersichtliche Darstellung dieser Ansätze ist der Literatur zu entnehmen [14].

Trotz großer Bemühungen eine Flatter-Instabilität durch Minimalmodelle zu beschreiben, reichen diese oft für die praktische Anwendung kaum aus [15]. Aus diesem Grund und der stetig anwachsenden Leistung von Computern setzt vor allem die Industrie vermehrt auf rechenintensive, numerische Ansätze im Bereich der FEM [16]. In der FEM wird die Struktur von realen Bauteilen in Elemente endlicher Kantenlänge unterteilt. In Abhängigkeit zu der zu beschreibenden Geometrie nutzt man Linien-, Flächen- oder Volumenelemente. Jedes Element wird durch Elementknoten begrenzt. Die mögliche Bewegung der Elementknoten wird durch die Formfunktion und der Art des Elements vorgegeben. Basierend auf den Elementknoten werden lokale Massen- und Steifigkeitsmatrizen der Elemente aufgestellt, die durch eine Transformationsmatrix in eine globale Matrix zur Beschreibung der gesamtheitlichen Struktur überführt werden. Es ergibt sich ein algebraisches Gleichungssystem, das numerisch gelöst wird. Aus den berechneten Knotenverschiebungen lassen sich durch Integration die resultierenden Dehnungen und Spannungen ermitteln.

Basierend auf der FEM wird das vorliegende Schwingungsproblem zur Untersuchung der Flatter-Instabilitäten einer Bremse maßgeblich auf zwei Wege gelöst: Analyse im Zeitbereich [17–19] oder Eigenwertanalyse [20–22]. Methoden im Zeitbereich können Nicht-Linearitäten berücksichtigen und finden vorrangig Anwendung zur Untersuchung der Robustheit der Flatter-Instabilität im Bereich der Grenzzykel- und Chaos-Theorie [23]. Aktueller Stand der Forschung ist unter anderem die Untersuchung des Einflusses variierender Gleichgewichtszustände bei gering unterschiedlichen Einflussparametern [17]. Die Berechnung im Zeitbereich ist jedoch aufwendig und schwierig: Die große Menge an Bremsenbauteilen zur Abbildung der Flatter-Instabilität und die geometrische Komplexität von Bremsen führt bei ausreichend feiner Vernetzung zu räumlich großen Rechengittern mit verhältnismäßig kleinen finiten Elementen [21, 24]. Weiterhin ist die Bestimmung der Nicht-Linearitäten im Modell teils sehr aufwendig, wie z. B. an Fügestellen [25]. Aus diesen Gründen findet für die Stabilitätsanalyse von Bremsen in der Industrie vermehrt die *komplexe Eigenwertanalyse* (KEA) Anwendung. In diesem Fall wird das nicht-lineare, dynamische System an einem stationären Gleichgewichtspunkt, auch bekannt als Ruhelage, linearisiert. Mit den daraus berechneten modalen Größen, Eigenwert und Eigenvektor, wird eine Abschätzung für das Auftreten von Bremsenquietschen getroffen. Der Realteil des komplexen Eigenwerts wird als Aufklingrate interpretiert, weshalb ein hoher, positiver Realteil mit einer erhöhten Neigung zum Bremsenquietschen verbunden wird. Infolge der Linearisierung durch die KEA können jedoch bestimmte Nicht-Linearitäten nicht berücksichtigt werden. Hierunter fallen ein veränderlicher Kontakt durch die Dynamik des Bremssystems [20], nicht-lineare Verbindungsstellen [25], chaotische Zustände infolge *seltsamer*[1] Attraktoren [27], sowie das Einschwingverhalten infolge der Ausbildung von Grenzzyklen [24]. Dennoch zeigen Publikationen, dass mit der KEA die Neigung zur Ausbildung einer Flatter-Instabilität prognostiziert werden kann [28–30]. In der vorliegenden Arbeit wird deshalb die KEA zur Bestimmung der Eigenwerte und Eigenvektoren als wichtiger Baustein für den zu entwickelnden Optimierungsansatz verwendet. Die Basis des Optimierungsansatzes bildet die natürliche Eigenwertanalyse der KEA.

1.1.2 Optimierungsansätze

Auf Basis der genannten Bestrebungen in der Ursachenanalyse für Bremsenquietschen sind auch Abhilfemaßnahmen gegen die Ausbildung einer Flatter-Instabilität erarbeitet worden. Hierfür existieren Arbeiten für die Implementierung von Dämpfung zur Isolation der Übertragungswege der sich ausbreitenden Schwingung [31–33]. Zudem sind konstruktive Ansätze aus dem Bereich der aktiven, semi-aktiven und passiven Vibrationskontrolle entwickelt worden. Hierfür werden meist Sensoren zur Detektion der Vibration genutzt, um mit Aktuatoren das Bremsenquietschen aktiv zu unterdrücken [34–37]. Mit der Integration von Piezokeramiken in den Bremsbelag wird gezeigt, dass Flatter-Instabilitäten mittels semi-aktiver Vibrationskontrolle unterdrückt werden können [38]. Der Vorteil (semi-)aktiver

---

[1] Als „seltsam" werden Attraktoren beschrieben, die besonders sensitiv auf eine geringfügige Varianz der gewählten Anfangsbedingung einer Schwingung reagieren. Näheres hierzu ist zu finden in [26].

Ansätze ist die Robustheit gegen Unsicherheiten und den Alterungsprozess des Bremssystems, da stets das aktuell vorliegende Schwingungsverhalten des dynamischen Systems sensiert wird. Hingegen befassen sich diese Methoden ausschließlich mit der nachträglichen Korrektur eines durch die Geometrie und Elastizität der Bremse verursachten Phänomens. Aus diesem Grund schlagen verschiedene Veröffentlichungen strukturelle Änderungen von ausgewählten Bremsenkomponenten vor, um bereits das originäre Bremssystem ohne zusätzliche Applikationen zu verstimmen [6, 39–41]. Für das *Verstimmen* eines dynamischen Systems werden ausgewählte Frequenzen durch strukturelle Änderungen auf definierte Werte oder Abstände zueinander gebracht, um eine Interaktion der Frequenzen untereinander oder mit der Umgebung zu unterbinden. Das Verstimmen des Systems anhand der Verschiebung ausschließlich einer der gekoppelten Frequenzen ist an einem Minimalmodell gezeigt worden [42]. In [39] wird anhand von komplexeren Minimalmodellen dargestellt, dass eine gezielte Frequenzverschiebung im *konservativen System*[2] bestimmte Flatter-Instabilitäten verhindert. In Veröffentlichungen wurden rotationssymmetrische Strukturmodifikationen an realen Bremsscheiben durchgeführt, da Bremsscheiben an den meisten Flatter-Instabilitäten maßgeblich partizipieren [43–46]. In anderen Publikationen wurde die Form des Bremsbelags modifiziert, weil dieser vorwiegend für die Einleitung der Energie in das Bremssystem verantwortlich gemacht wird [47–49]. Ferner sind Strukturen von Bremsenkomponenten optimiert worden, welche in der unmittelbaren Nähe der Reibkontaktstelle von Bremsbelag und Bremsscheibe positioniert sind [48, 50, 51]. Diese Art der Optimierung zeigt ein großes Anwendungsfeld, da jegliche am Bremsenquietschen beteiligten Fahrwerkskomponenten identifiziert und optimiert werden können [52]. Generell lassen sich diese Ansätze in globale oder lokale Strukturoptimierungsansätze unterteilen. Bei globalen Verfahren wird eine Vielzahl an möglichen optimalen Strukturen erzeugt, bewertet und ausgewählt [53, 54]. Die Bewertung erfolgt mit Hilfe der komplexen Eigenwertanalyse und der Höhe des maximalen Realteils der Eigenwerte. Weitere Ansätze nutzen lokale Suchrichtungsverfahren, um die Modenkopplung durch gezielte Strukturänderungen zu vermeiden [55–57]. Durch Verwendung von Robustheitsanalysen wird in [13] aber gezeigt, dass die vorgeschlagenen Ansätze das Problem einer Modenkopplung nicht ganzheitlich lösen. Eine Modenkopplung kann sich bei geringer Änderung des Betriebspunkts der Bremse weiterhin ausbilden. Deshalb nutzen andere Ansätze die Realteile der Eigenwerte über mehrere Betriebspunkte hinweg und weisen diesen Realteilen vordefinierte Werte

---

[2] In einer freien Schwingung findet ausschließlich ein Austausch zwischen Lage- (potentielle Energie) und Bewegungsenergie (kinetische Energie) statt. Bleibt die Energiemenge dem dynamischen System während dessen Bewegung erhalten, dann beschreibt man das System als konservativ [26].

zu [56, 58]. Dieses Vorgehen ist bisher sehr aufwendig in der Berechnung und selten eindeutig, weshalb bisher keine Anwendung auf praktische Anwendungsfälle stattgefunden hat. Jedoch wird gezeigt, dass nicht nur die koppelnden Frequenzen in einer Strukturoptimierung berücksichtigt werden müssen, sondern auch alle benachbarten Frequenzen. Es muss daher ein neuer Ansatz gefunden werden, der auch die zur Modenkopplung benachbarten Frequenzen für eine Strukturänderung berücksichtigt.

Im Bereich der Eigenfrequenzoptimierung von konservativen Systemen existieren Optimierungsansätze bereits seit Jahrzehnten, welche die effiziente Verschiebung von ausgewählten Eigenfrequenzen ermöglichen. Diejenigen Ansätze, die auf einer Eigenwertanalyse zur möglichen Applikation der KEA basieren, unterscheiden sich maßgeblich in der Bestimmung von Positionen zu verändernder Strukturbereiche durch die Verwendung der Sensitivitäten[3] der Frequenzen, der Art und Umsetzung der Strukturänderung und der Effizienz des Verfahrens für praktische Anwendungsfälle. In Reviews werden diese Methoden übersichtlich erläutert und verglichen [60, 61]. Mit Hilfe dieser Ansätze wird entweder die fundamentale Frequenz angehoben [62–65], der Abstand benachbarter Frequenzen erhöht [66], ausgewählte Frequenzen im Verbund aus einem Frequenzbereich geschoben [67, 68] oder Frequenzen auf bestimmte Zielwerte gebracht [69–74]. Letztere verfolgen das gleiche Ziel, wie es für die Vermeidung der Flatter-Instabilität im letzten Absatz definiert worden ist. Hierfür werden auf der Struktur Bereiche gesucht, die eine maximale Differenz zwischen potentieller und kinetischer Energie für die jeweilige Frequenz aufweisen [75, 76]. An diesen Stellen führt eine Strukturänderung zur maximal möglichen Verschiebung der betrachteten Frequenz. Hingegen werden auch andere Frequenzen durch die Strukturänderung beeinflusst. Deshalb werden die Energieverteilungen der Frequenzen mit geeigneten Methoden zueinander relativiert [69]. Damit erhält man eine Aussage über mögliche Positionen auf der Struktur, an welchen eine Modifikation der Materialverteilung zur Verschiebung ausschließlich der ausgewählten Frequenzen führt [77]. Bisher haben die genannten Ansätze in der Eigenfrequenzoptimierung jedoch gemein, dass meist nur eine begrenzte Anzahl an Frequenzen berücksichtigt werden, die maximal mögliche Strukturmodifikation oft sehr beschränkt ist und die Anwendung der Methoden vorwiegend nur für konservative Systeme möglich ist.

---

[3] Als Sensitivität wird im Bereich der Strukturoptimierung der Einfluss einer Strukturmodifikation auf Optimierungsgrößen, wie z. B. eine Eigenfrequenz, bezeichnet. An dieser Stelle sei auf Literatur der Grundlagen der Optimierung verwiesen [59].

1.2 Forschungsziele der Arbeit

Im Rahmen dieser Arbeit wird eine Methode im Bereich der Topologieoptimierung mit integriertem Lösungsverfahren erarbeitet, um einen ganzheitlichen simulativen Änderungsprozess im Bereich der gezielten Vermeidung von Flatter-Instabilitäten zu gestalten. Mit dem entwickelten Prozess und anschließenden Untersuchungen sollen die drei folgenden Forschungsfragen beantwortet werden: Wie können vielversprechende Positionen auf einer Struktur für strukturelle Anpassungen zur Verschiebung einer ausgewählten Frequenzen ermittelt werden, während bestimmte benachbarte Frequenzen möglichst unverändert bleiben? Wie können die hierzu notwendigen Strukturmodifikationen unter Einhaltung von geometrischen Restriktionen umgesetzt werden? Ist es möglich durch die Strukturmodifikationen eine dynamische Flatter-Instabilität zu verhindern?

Aus den genannten Forschungsfragen werden die Ziele der Arbeit abgeleitet. Ein Ansatz für die Lokalisierung von strukturellen Modifikationen zur signifikanten Verschiebung einer ausgewählten Eigenfrequenz eines dynamischen Systems gewählter Komplexität ist unter Berücksichtigung geometrischer Restriktionen zu entwickeln. Zusätzlich ist ein Lösungsverfahren zu erarbeiten, welches die Lokalisierung der Strukturmodifikation mit der Änderung der Frequenzen unter Berücksichtigung modaler, geometrischer und fertigungstechnischer Restriktionen koppelt. Im Anschluss sind das Potential und die Limitierungen der Optimierungsmethode anhand von Einzelkomponenten simulativ zu bewerten. Abschließend ist die Optimierungsmethode in einen Gesamtansatz zur Vermeidung von Flatter-Instabilitäten eines Bremssystems zu integrieren, sowie Einflüsse und Limitierungen sind zu diskutieren.

In diesem einleitenden **Kapitel** ist der Stand der Forschung zur rechnerischen Ermittlung der Flatter-Instabilität und aktueller Ansätze in der Strukturoptimierung vorgestellt worden. Das Kapitel schließt mit der Definition von Forschungsfragen und Zielen dieser Arbeit ab. Das **Kapitel 2** stellt die Grundlagen der Eigenwertanalyse vor, um eine Flatter-Instabilität simulativ vorherzusagen. Die mechanischen und physikalischen Eigenschaften der dynamischen Instabilität des Bremsenquietschens werden an dem Bremsengesamtmodell erläutert. Es wird in dieser Arbeit ein reduziertes Bremsengesamtmodell genutzt, wodurch ausschließlich nahe an der Bremsscheibe befindliche Bremsenbauteile berücksichtigt werden. In der Untersuchung von Bremsenquietschen wird für gewöhnlich ein Bremsengesamtmodell mit vielen weiteren Fahrwerksbauteilen verwendet. In dieser Arbeit sollen die Einflüsse der angrenzenden Fahrwerksbauteile zunächst vernachlässigt werden. Mit dem **Kapitel 3** werden die Grundlagen der Strukturoptimierung beschrieben mit deren Hilfe strukturelle Änderungen auf Basis der Eigenfrequenzanalyse realisiert werden können. Hierfür wird zunächst das Optimierungsproblem mathematisch definiert und anschließend geometrisch interpretiert. Danach werden effiziente Lösungs- und Approximationsverfahren klassifiziert. Mit der Einführung der Dimensionierung, der Formoptimierung und der Topologieoptimierung werden mögliche Ansätze zur Anpassung der Struktur verglichen. Anschließend werden für die Topologieoptimierung gängige Strukturänderungsansätze vorgestellt, welche vermehrt Anwendung in der Eigenfrequenzoptimierung finden. Am Ende des Kapitels wird die vorliegende Arbeit in den Stand der Forschung eingeordnet, um die Limitierungen und Potentiale der aktuell verwendeten Ansätze anhand der vorgestellten Grundlagen zu beleuchten. Im **Kapitel** 4 wird ein Ansatz vorgestellt, um vielversprechende Positionen auf einer Struktur zu ermitteln, an denen eine strukturelle Modifikation vorwiegend eine ausgewählte Frequenz verschiebt. Der Ansatz wird in einen Lösungsansatz integriert. Das vierte Kapitel endet mit der Anwendung der Methode auf zwei Einzelkomponenten unterschiedlicher geometrischer Komplexität. Im **Kapitel** 5 wird zuerst ein Optimierungsmodell eines Bremsengesamtmodells erstellt. Anschließend werden ausgewählte Frequenzen durch die entwickelte Eigenfrequenzoptimierung gezielt verändert und der Einfluss auf eine vorherrschende Flatter-Instabilität beleuchtet. Um zu verändernde Frequenzen für die Vermeidung einer ausgewählten Instabilität zu bestimmen und zu modifizieren, wird die Eigenfrequenzoptimierung in einen Gesamtansatz integriert und auf das Bremsengesamtmodell angewendet. Mit **Kapitel** 6 werden die entwickelte Methode und daraus gewonnene Erkenntnisse abschließend zusammengefasst. Ein Ausblick zeigt mögliche Anknüpfungspunkte für zukünftige Arbeiten.

Formulierung des Eigenwertproblems

Im Fall des Bremsenquietschens entsteht durch die Reibung zwischen den Bremsbelägen und der Bremsscheibe eine Selbsterregung des schwingfähigen Bremsensystems [78]. Energie wird in das Fahrwerk vom tribologischen System der
Bremsbeläge und der Bremsscheibe eingeleitet [79]. Die Basis zur Ausbildung
einer dynamischen Instabilität ist gegeben [12]. Unter gewissen Voraussetzungen
wird eine Schwingung des Bremsensystems angefacht, wodurch das Störgeräusch
Bremsenquietschen emittiert wird [80]. Zur simulativen Untersuchung des Potentials einer realen Bremse zur Ausbildung einer dynamischen Instabilität wird in
der industriellen Anwendung zumeist ein komplexes Simulationsmodell mit vielen
Freiheitsgraden als *Analysemodell* im Bereich der FEM verwendet [13]. Mit diesem Simulationsmodell können reale Nicht-Linearitäten zur Prädiktion des Bremsenquietschens berücksichtigt werden. Allerdings muss die Bewegungsgleichung
des Simulationsmodells numerisch im Zeitbereich gelöst werden, damit die nicht-
linearen Kräfte Einfluss auf die Lösung des Analysemodells haben [81]. Für die
simulativen Bremsenmodelle bedeutet eine Zeitbereichsanalyse allerdings einen
erheblich hohen Rechenaufwand [20]. Eine weitere Möglichkeit bietet die Formulierung des Eigenwertproblems des Bremsensystems [22]. Mit diesem Eigenwertproblem wird die Bewegungsgleichung an einer statischen Gleichgewichtslage eines gewählten Betriebszustands bestehend aus Bremsdruck, rotatorischer
Bremsscheibengeschwindigkeit und Reibkoeffizient zwischen den Bremsbelägen
und der Bremsscheibe linearisiert. Für diese linearisierte Bewegungsgleichung
wird anschließend das Eigenwertproblem mit geringerem Rechenaufwand als bei

Ergänzende Information Die elektronische Version dieses Kapitels enthält
Zusatzmaterial, auf das über folgenden Link zugegriffen werden kann
https://doi.org/10.1007/978-3-658-46764-7_2.

der Zeitbereichsanalyse gelöst [82]. Als Ergebnis des Eigenwertproblems werden
Eigenwerte bestimmt, welche eine Auskunft über die mögliche Anfachung einer
Schwingung des Bremsensystems liefern [5]. Die komplexe Eigenwertanalyse stellt
das vorwiegend verwendete Verfahren im Bereich der Eigenwertanalyse reiberregter Bremsenschwingungen dar und wird deshalb in Abschnitt 2.1 hergeleitet und
beschrieben [20]. Zur Interpretation der Systemstabilität anhand des Eigenwertproblems wird der Lösungsraum der Eigenwerte in Abschnitt 2.2 diskutiert.

2.1   Grundprinzipien der Eigenfrequenzanalyse

Das kleinste schwingfähige System kann durch einen Einfreiheitsgradschwinger
beschrieben werden, welcher durch eine Feder an einen raumfesten Punkt gekoppelt wird [26]. Aus der Kopplung zwischen der Masse mit einem raumfesten Punkt
entsteht ein Freiheitsgrad mit auferlegter Zwangsbedingung, sodass die Bewegung
des Massenschwingers ausschließlich in eine Raumrichtung ermöglicht wird [83].
Für die analytische Lösung eines solchen Problems wird an dieser Stelle auf Grund-
lagenliteratur verwiesen [26]. Demgegenüber bestehen reale Systeme aus unendlich
vielen Freiheitsgraden, wobei jeder Freiheitsgrad eine mögliche, lokale Bewegung
des Systems in den drei translatorischen und drei rotatorischen Raumrichtungen darstellt [83]. Zur Analyse dieser komplexen Struktur kann man die zugrundeliegende
Geometrie in das von der Struktur eingenommene Gebiet Ω und dem umgebenden
Rand Γ unterteilen; siehe Abbildung 2.1.

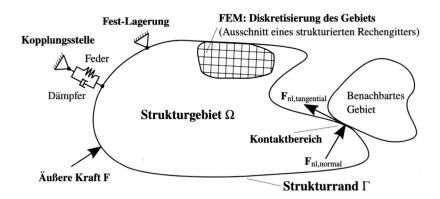

Abb. 2.1 Zweidimensionales Gebiet einer Struktur willkürlich gewählter Geometrie zur
Identifikation wirkender Kräfte ($\rightarrow$) und Zwangsbedingungen (Lagerungen, Kopplungsstel-
len, Kontakt)

Es ist offensichtlich, dass die Ermittlung der Strukturantwort an den unendlich vielen Freiheitsgraden einer realen Struktur, aufgrund des Rechenaufwands, nicht zielführend ist. Aus diesem Grund bedient man sich numerischen Methoden, wie der bereits erwähnten Finiten Elemente Methode, und unterteilt das Strukturgebiet durch Diskretisierung in endliche große Elemente gewählter Größe und Geometrie [16, 84]. Anhand der finiten Elemente können Systemmatrizen erzeugt werden, welche die Masse M, die Steifigkeit K und die Dämpfung D des Bremsensystems beschreiben [85]. Es entsteht die Bewegungsgleichung für n Freiheitsgrade eines Bremsensystems

$$M\ddot{x} + D\dot{x} + Kx = F(x) \tag{2.1}$$

mit $M \in \mathbb{R}^{n \times n}$ als reellwertige, symmetrische, positiv definite Massenmatrix, $K \in \mathbb{R}^{n \times n}$ für die reellwertige, symmetrische, positiv semidefinite Steifigkeitsmatrix, sowie $D \in \mathbb{R}^{n \times n}$ als reellwertige, symmetrische, positiv definite, geschwindigkeitspropotionale Dämpfungsmatrix [20]. Mit $x \in \mathbb{R}^{n \times 1}$ werden die räumlichen Verschiebungen der Knoten der finiten Elemente beschrieben. $\dot{x} \in \mathbb{R}^{n \times 1}$ und $\ddot{x} \in \mathbb{R}^{n \times 1}$ stehen für die Geschwindigkeiten und Beschleunigungen am jeweiligen Knoten. Der verschiebungsabhängige Kraftvektor $F(x) \in \mathbb{R}^{n \times 1}$ ist in den meisten Fällen unabhängig von der Verschiebung an dessen Angriffspunkt und kann daher in die Systemmatrizen überführt werden [20]. Der Kraftvektor wird ferner aufgeteilt in bekannte Größen, wie äußere Kräfte und am Rand des definierten Gebiets auferlegte Zwangsbedingungen, als auch unbekannte Größen, wie Reaktionskräfte an Lagerungsstellen der Struktur [86]. Ferner existieren Kontaktbereiche zwischen den Komponenten eines Bremsenmodells [82]. Zur Beschreibung von Kontakt wird der verschiebungsabhängige Kraftterm $F_{nl}(x)$ basierend auf Coulomb'scher Reibung in Gleichung 2.1 ergänzt

$$F_{nl}(x) = F_{nl,normal}(x) + F_{nl,tangential}(x) = (1 + \mu \cdot \text{sgn}(\dot{x}_{rel})) F_{nl,normal}(x) \tag{2.2}$$

wobei μ den ortsabhängigen Reibkoeffizienten und $\dot{x}_{rel}$ die Relativgeschwindigkeit im Kontakt zwischen den Bremsbelägen und der Bremsscheibe beschreibt [82]. Es resultiert eine in das System induzierte Nicht-Linearität infolge der Kopplung von tangentialer Reibung und den dazu orthogonal wirkenden Normalkräften [87]. Diese nicht-lineare, reibungsabhängige Kraft bewirkt die dynamischen Instabilität zur Emission des Bremsenquietschens [12]. Gleichung 2.1 kann ferner um die, an einer Bremse wirkenden, Kräfte erweitert werden. Hierunter berücksichtigt man zum einen gyroskopische Effekte der rotierenden Bremsscheibe durch die reellwertige, schiefsymmetrische, geschwindigkeitsproportionale Matrix $D_{gy} \in \mathbb{R}^{n \times n}$ und die durch Rotation implizierten Versteifungseffekte in der reellwertigen, schiefsymmetrischen, verschiebungsproportionalen Matrix $K_{rot} \in \mathbb{R}^{n \times n}$ [20]. Zum anderen führt die radiale Bewegung des Bremsbelags auf der Bremsscheibe zur Reibungs-dämpfung $D_{reib} \in \mathbb{R}^{n \times n}$, die stets der Systembewegung entgegenwirkt [6]. Mit D_{rel} wird die Anregung des Systems infolge einer antiproportionalen Beziehung zwischen Reibkoeffizient und Relativgeschwindigkeit berücksichtigt, die aufgrund der Verwendung der Coulomb'schen Reibung in der vorliegenden Arbeit vernachlässigt wird [87]. Mögliche Materialdämpfungen sind durch die imaginäre, symmetrische Matrix $K_{matd} \in \mathbb{R}^{n \times n}$ vertreten [20]. Es entsteht die diskret vorliegende Bewegungsgleichung zur Beschreibung der dynamischen Bewegung einer Bremse zur Analyse des Bremsenquietschens

$$M\ddot{x} + \left(D + D_{gy} + D_{reib} + D_{rel}\right)\dot{x} + (K + K_{rot} + K_{matd})x + \mathbf{F}_{nl}(\mathbf{x}) = \mathbf{F}(\mathbf{x}) \quad (2.3)$$

aus der ersichtlich wird, dass geometrisch, asymmetrische Anteile durch Bremsscheiben mit Kühlkanälen nicht inkludiert sind. Instabilitäten induziert durch diese Art der Anfachung werden mittels einer Parametererregung hervorgerufen und bleiben für die vorliegende Arbeit unberücksichtigt. Im Folgenden soll der Einfachheit halber gelten

$$\check{D} = D + D_{gy} + D_{reib} + D_{rel} \quad (2.4)$$
$$\check{K} = K + K_{rot} + K_{matd} \; .$$

Für die Lösung von Gleichung 2.3 kann die komplexe Eigenwertanalyse angewendet werden [86]. Zuerst wird das Gleichgewicht x_{stat} mittels der Applikation eines Bremsdrucks und der rotatorischen Bewegung der Bremsscheibe durch das statische Problem

$$\check{K}x_{stat} + \mathbf{F}_{nl}(\mathbf{x}_{stat}) = \mathbf{F}(\mathbf{x}) \quad (2.5)$$

mit der Anwendung eines numerischen Lösungsverfahrens, wie dem Newton-Raphson-Verfahren, iterativ ermittelt [40]. Für eine schnelle Konvergenz der Kontaktzustände wird die Bremsscheibe mit dem Lagrange-Ansatz „bewegt" [85]. Die Einträge der Steifigkeitsmatrix $\check{K}$ werden infolge der geometrischen Nicht-Linearität unterschiedlich stark verändert, wodurch die Steifigkeitsmatrix unsymmetrisch wird [6]. Mit den Reaktionskräften des dynamischen Systems ergibt sich die statische Gleichgewichtslage x_{stat} [88]. An diesem Gleichgewicht wird die Systemantwort mit dem Taylor-Polynom 1. Grades, einer infitesimalen Störung des Verschiebungsvektors $\tilde{x}$ und der Jacobi-Steifigkeitsmatrix K_{nl}

$$\mathbf{F}_{nl}(\mathbf{x}_{stat}+\tilde{\mathbf{x}}) \approx \mathbf{F}_{nl}(\mathbf{x}_{stat}) + \frac{\partial \mathbf{F}_{nl}(\mathbf{x}_{stat})}{\partial \mathbf{x}}(\mathbf{x}-\mathbf{x}_{stat}) = \mathbf{F}_{nl}(\mathbf{x}_{stat}) + \mathbf{K}_{nl}(\mathbf{x}_{stat})\tilde{\mathbf{x}} \quad (2.6)$$

für die nachfolgende Anwendung des Eigenwertproblems linearisiert [86]. Die Jacobi-Matrix $\mathbf{K}_{nl}$ beschreibt die nicht-linearen Kontaktkräfte zur Berücksichtigung von geschlossenen Kontakten im gleitenden oder haftenden Zustand [89]. Damit beinhaltet $\mathbf{K}_{nl}$ die zykulatorischen, reellwertigen, schiefsymmetrischen Terme der Bewegungsgleichung, welche zur dynamischen Instabilität des Systems infolge des asymmetrischen Einflusses und der Variabilität des Reibkoeffizienten führen [12]. Der Reibkoeffizient repräsentiert demnach den Bifurkationsparameter mit einem subkritischen Hopf-Bifurkationspunkt μ_{krit}, ab welchem das System von stabiles in instabiles Verhalten übergeht [13].

Zum Abbilden des Bremsenquietschens wird ein hoher Detaillierungsgrad des Bremsenmodells gefordert, weshalb sich der reellen Eigenfrequenzanalyse bedient wird, um die großen Systemmatrizen durch modale Projektion zu reduzieren [20]. Der modale, ungedämpfte Unterraum wird durch die natürliche Eigenfrequenzanalyse

$$K\Phi = \Lambda M\Phi \quad (2.7)$$

bestehend aus den symmetrischen Systemmatrizen M bzw. K des vorbelasteten Systems mit $K_0 = \check{K} + K_{nl}$ gelöst [6]. Gleichung 2.7 weist eine orthogonale Diagonalisierbarkeit auf, weshalb eine Basisdarstellung als Lösung existiert, für die das System entkoppelt vorliegt [40]. Hierfür wird sich der orthogonalen Transformation bedient, welche durch die Anwendung einer Residuen- oder Zerlegungsmethode, wie der Householdertransformation, eingebettet in einem Eigenwertsolver realisiert wird [40]. Gängige Eigenwertsolver sind der Lanczos-Solver oder der Automated-Multi-Level-Substructuring (AMS) Solver [90]. Es entsteht ein grenzstabiles System aus rein komplexen Eigenwerten $\Lambda \in \mathbb{R}^{n \times n}$ und linear unabhängigen, reellwertigen Eigenvektoren $\hat{\varphi}_i \in \mathbb{R}^{n \times 1}$ der n Moden mit $i \in n$ [6]. Die Eigenvektoren werden in der Modalmatrix $\Phi \in \mathbb{R}^{n \times n}$ zusammengefasst. Zur Nutzung des Rechenvorteils gegenüber Zeitbereichsanalysen wird zur Bestimmung der Systemantwort die Lösung des Eigenwertproblems auf einer reduzierten Anzahl an Freiheitsgraden bestimmt. Hierdurch entsteht ein Abschneidefehler (engl. truncation error), der bei Anwendung der komplexen Eigenfrequenzanalyse als auch in einer nachgeschalteten Optimierung (siehe Kapitel 3) berücksichtigt werden muss [13, 91]. Der modale Unterraum zeichnet sich durch seine hohe Stabilität infolge der geringen Kondition der symmetrischen Matrizen aus [20]. Zusätzlich stellt der modale Unterraum bereits eine Auskunft über die ungestörten physikalischen Eigenschaften des Systems dar und ermöglicht dadurch eine Abschätzung der Stabilität des Systems, da die vernachlässigten asymmetrischen Terme den modalen Unterraum nur geringfügig stören [20].

Zur Berechnung der realen, komplexwertigen Eigenwerte $\lambda_i \in \mathbb{C}^{n \times 1}$ und Eigenvektoren $\varphi_i \in \mathbb{C}^{n \times 1}$ des linearisierten Systems, wird Gleichung 2.3 durch die Linearisierung in Gleichung 2.6 umgeformt

$$M\ddot{x} + \check{D}\dot{x} + \left(\check{K} + K_{\mathrm{nl}}(x_{\mathrm{stat}})\right)x = 0 \tag{2.8}$$

und durch beidseitige Multiplikation der Systemmatrizen mit der reellwertigen Modalmatrix $\boldsymbol{\Phi}$ in den modalen Unterraum projiziert

$$\begin{aligned} M^* &= \boldsymbol{\Phi}^T M \boldsymbol{\Phi} \\ D^* &= \boldsymbol{\Phi}^T \check{D} \boldsymbol{\Phi} \\ K_0^* &= \boldsymbol{\Phi}^T K_0 \boldsymbol{\Phi} . \end{aligned} \tag{2.9}$$

Mit den projizierten Matrizen wird das Eigenwertproblem

$$\left(M^* \hat{\Lambda}^2 + D^* \hat{\Lambda} + K_0^*\right) \hat{\boldsymbol{\Phi}} = 0 \tag{2.10}$$

mit $\hat{\Lambda} \in \mathbb{C}^{n \times n}$ und $\hat{\Lambda} = \mathrm{diag}(\hat{\lambda}_1, \hat{\lambda}_2, ..., \hat{\lambda}_n)$ gelöst, wobei der Imaginärteil $\Im(\lambda)$ der Eigenwerte als Eigenfrequenzen und der dazugehörige Realteil $\Re(\lambda)$ als Aufklingrate pro Eigenwert interpretiert werden [42]. Die Modalmatrix des Oberraums $\hat{\boldsymbol{\Phi}} \in \mathbb{C}^{n \times n}$ beinhaltet die komplexen Eigenvektoren $\hat{\varphi}$.

In der Simulation eines realen Bremsengesamtmodells werden drei Schritte durchgeführt, die die beschriebenen Gleichungen algorithmisch ausführen:

1. Statische, nicht-lineare Vorlast: Applikation von Bremsdruck und Scheibenrotation zur Berechnung des statischen Gleichgewichts, das Bilden von haftenden und gleitenden geschlossenen Kontaktbereichen, sowie der Steifigkeitsmatrix $\check{K}$, in Gleichung 2.5.
2. *Reelle Eigenwertanalyse* oder auch natürliche Eigenwertanalyse (kurz: REA): Berechnung des modalen Unterraums für rein komplexwertige Eigenwerte und den (namens-gebenden) reellen Eigenvektoren in Gleichung 2.7.
3. Komplexe Eigenwertanalyse (kurz: KEA): Berechnung des modalen Oberraums für komplexe Eigenwerte und Eigenvektoren in Gleichung 2.10 zur Lösung des dynamischen Systems in Gleichung 2.3.

Der gesamte Prozess der Schritte 1. bis 3. wird in der vorliegenden Arbeit als KEA-Verfahren bezeichnet. Der statische Vorlastschritt hat einen Anteil von mehr als 80 % an dem gesamten KEA-Verfahren für das vorliegende Bremsengesamtmodell;

siehe Abbildung 2.2. Ohne die Berechnung des statischen Vorlastschrittes würde in dem REA-Prozessschritt ein geschlossener Kontakt zwischen den Freiheitsgraden von zwei Komponenten ausschließlich hergestellt, wenn die Freiheitsgrade einen minimalen geometrischen Abstand unterschreiten [85].

Das KEA-Verfahren reduziert einerseits erheblich den Rechenaufwand, unterliegt anderseits der Einschränkung nur für geringe Dämpfungsterme D^* oder für eine zur Massen- und Steifigkeitsmatrix proportionale Rayleigh-Dämpfung zu den exakt realen Eigenwerten und Eigenformen zu führen [7]. Ein Grund dafür ist die Linearität der Projektion der KEA, sodass der Lösungsraum der aufgespannten Eigenvektoren des ungedämpften Systems bereits die Lösung des gedämpften Systems beinhalten (Rayleigh-Dämpfung) oder unmittelbar in der Nähe (geringfügige Dämpfung) liegen muss [20]. In Gleichung 2.9 wird zudem ersichtlich, dass die Wahl der modalen Freiheitsgrade maßgeblich Einfluss auf die Systemstabilität nimmt [13]. Bei zu großem Abschneidefehler, bleibt der Einfluss bestimmter *vagabundierender*[1] Moden auf die Systemstabilität unberücksichtigt, wodurch die Quantität und das Vorzeichen der Realteile der Eigenwerte inkorrekt berechnet werden [13, 91].

2.2 Stabilitätsanalyse am Beispiel der Flatter-Instabilität

Die Bewegungsgleichung des dynamischen Systems in Gleichung 2.3 kann für die Stabilitätsbewertung in ein System 1. Ordnung überführt werden [6]. Nach Lyapunov liegt für dieses System ein stabiles Verhalten vor, wenn für jeden Freiheitsgraden $i \in n$ gilt

$$\left| x_i(t) - x_{i,0}(t) \right| < \varepsilon , \quad \forall \varepsilon > 0 , \forall t \geq 0 . \tag{2.11}$$

Jedoch ist die Stabilitätsbewertung nach Lyapunov für komplexe Systeme sehr aufwendig, da der zeitliche Verlauf der Schwingung vorliegen muss. In der vorliegenden Arbeit bedient man sich deshalb den komplexen Eigenwerten in Gleichung 2.10. Wenn $\Re(\hat{\lambda}_{max}) = \max(\Re(\hat{\Lambda}))$ der maximale Realteil des betrachteten Systems und $\mathbf{x}(t) = \mathbf{0}$ für die Verschiebung des Systems gilt, dann ist nach dem linearen Stabilitätssatz das System für

---

[1] In der Betrachtung der Frequenzen in Abhängigkeit zum Reibkoeffizienten μ lassen sich Moden mit hoch sensitivem Verhalten, folglich starker Frequenzverschiebung, erkennen. Vagabundierende Moden zeigen nur eine kaum bis geringfügige Interaktion mit benachbarten Moden, wenn diese sich nähern. Eine Kopplung dieser beiden Moden mit einem geringen Realteil entsteht. Bei geringer Variation des Reibkoeffizienten überspringt die Frequenz der vagabundierenden Mode die Frequenz der benachbarten Mode und die Moden liegen wieder entkoppelt vor. [13]

$$\Re(\hat{\lambda}_{\mathrm{max}}) = 0 \quad \begin{array}{l} < 0 \quad \text{asymptotisch stabil} \\ = 0 \quad \text{grenzstabil oder instabil} \\ > 0 \quad \text{instabil .} \end{array} \qquad (2.12)$$

Anhand positiver Realteile wird angenommen, dass die zugehörige Schwingform ein erhöhtes Potential zeigt, die Struktur anzufachen und folglich die Neigung zum Bremsenquietschen für die zugehörige Frequenz zu erhöhen. Jedoch sind keine Aussagen über die Systemstabilität möglich, wenn der maximale Realteil gleich Null ist. Kleine Störungen des Eigenwerts können bei einem Realteil von Null zu grenzsstabilen oder instabilen Bewegungsformen führen. [6]

Die Anwendung der linearen Stabilitätskriterien auf das ursprünglich nicht-lineare System ist gerechtfertigt, solange der Fehler durch die Linearisierung wirkender Kräfte minimal ist und damit der Einfluss von Nicht-Linearitäten auf die Stabilität des Systems geringfügig bleibt [6]. Maßgeblich dienen die linearen Stabilitätskriterien zur Abschätzung der Auftretenswahrscheinlichkeit einer Flatter-Instabilität infolge großer, positiver Realteile für die Emission von Bremsenquietschen, während die Amplitude der angefachten Schwingung nicht betrachtet wird [20]. Anhand der Darstellung der Imaginär- und Realteile der Eigenwerte über dem Reibkoeffizienten μ kann das Kopplungsverhalten der Eigenwerte eines realen Bremssystems abgebildet werden; siehe Abbildung 2.2.

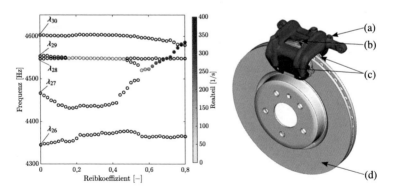

Abb. 2.2 Ausgewählte Eigenwerte mit farblicher Codierung derer Realteile des Bremsengesamtmodells mit **a** Bremssattel, **b** Bremskolben, **c** Bremsbelägen mit Belagrückenplatten und Shims aus Stahl und **d** Bremsscheibe. Vorgabe eines Bremsdrucks von 53,6 bar und einer Scheibengeschwindigkeit von 1,18 km/h

In der vorliegenden Arbeit besteht das reale Bremsengesamtmodell aus einer Bremsscheibe, zwei Bremsbelägen mit deren Belagrückenplatten und Shims aus Stahl, einem Bremskolben und einem Bremssattel. Die verwendeten Materialien sind dem Anhang Kapitel C.3 im elektronischen Zusatzmaterial zu entnehmen. Der Bremsdruck wird auf die Kolbenstirnfläche und die Stirnfläche der Kolbenmulde im Bremssattel appliziert. Die Bremsscheibe wird an den Bohrungen der Radschrauben gelagert. Dem Bremssattel wird an den Anbindungsstellen zum Halter ausschließlich eine, zur Bremsscheibe, axiale Bewegung ermöglicht. Weitere translatorische und rotatorische Freiheitsgrade des Bremssattels werden an diesen Anbindungsstellen gegen eine Bewegung restringiert. Die Belagrückenplatten stützen sich an deren Enden in einem „Hammer"-Prinzip an einem gedachten Halter ab und können sich axial zur Bremsscheibe hin und zurück bewegen. Zur Darstellung dieser Bewegungsfreiheit wird dem linken und rechten Ende (Hammer) der beiden Belagrückenplatten nur eine axiale Bewegung zugelassen. Vielversprechende Ansätze zur Beurteilung koppelnder Eigenwerte des Bremsengesamtmodells liefert Kruse [13]. Demnach stellt der Eigenwert $\hat{\lambda}_{29}$ eine vagabundierende Mode dar, indem dessen Frequenz erheblich durch den Reibkoeffizienten beeinflusst wird und die Frequenz eines benachbarten Eigenwerts kreuzt. Betrachtet man die 28. Mode lässt sich über dem gesamten Reibkoeffizienten kaum eine Frequenzänderung feststellen. Daher wird angenommen, dass der 29. Eigenwert sehr wahrscheinlich mit dem 27. Eigenwert $\hat{\lambda}_{27}$ ab einem Reibkoeffizienten von 0,56 koppelt. An dieser Stelle fehlt jedoch der Beweis dieser Hypothese, da aktuell keine Methoden zur eindeutigen Modenverfolgung für einen variablen Reibkoeffizienten mit entstehenden und wieder auflösenden Modenkopplungen existieren.

Neben den Eigenwerten kann zusätzlich auf Basis der Eigenvektoren eine geometrische Interpretation der Systemstabilität erfolgen [40]. Für Eigenwerte mit verschwindendem Realteil bildet der Eigenvektor eine *stehende Eigenform* aus. Diese Art von Eigenvektoren haben einen verschwindend geringen Imaginärteil, weshalb für diese Art von Mode die Verschiebungsamplituden zwischen den Freiheitsgraden in einem festen Verhältnis stehen. Eine Darstellung der Bewegung dieser Schwingform erfolgt durch eine Skalierung mit einem reellen Wert [20]. Für Eigenwerte mit einem Realteil ungleich Null wird der zugehörige Eigenvektor nach Gleichung 2.10 komplex und resultiert in einer, über die Struktur, *wandernden Schwingform*. Die Bewegung von komplexen Eigenformen erfolgt durch die Drehung des Phasenwinkels zwischen Real- und Imaginärteil des zugehörigen Eigenvektors [40]. Für schwachgedämpfte bis ungedämpfte Systeme sind die koppelnden Moden identisch jedoch phasenverschoben [20]. Nach der Modenkopplung schwingen die Moden mit entgegengesetzter mathematischer Drehrichtung des Phasenwinkel, aber gleicher initialer Amplitudenverteilung [6].

Ergänzend zu den bisherigen Betrachtungen könnten Dämpfungen im Bremsengesamtmodell berücksichtigt werden. Die Stabilitätsaussagen dieses Kapitels gelten auch unter Einwirkung von proportionaler Dämpfung, Reibungs- und Materialdämpfung, sowie gyroskopischer Dämpfung [6]. Jedoch weisen die Moden des Systems initial negative Realteile auf [31]. Nachdem Moden miteinander koppeln, resultiert zunächst keine anfachende Schwingung, da die Systemdämpfung der dynamischen Instabilität entgegenwirkt [31]. Mit größer werdendem Reibkoeffizienten wächst der Realteil einer der beiden Moden an, bis ein positiver Realteil zur Anfachung der Schwingung nach den Stabilitätskriterien in Gleichung 2.12 führt. Eine nicht-proportionale Dämpfung kann einen destabilisierenden Effekt bewirken, der neben der reibungsinduzierten Instabilität zur Anfachung der Schwingung führt [31]. In der entwickelten Methode der vorliegenden Arbeit bleiben dämpfende Terme aufgrund der aufwendigen und fehleranfälligen Bestimmung unberücksichtigt.

Grundlagen der Strukturoptimierung 3

Eine Möglichkeit der gezielten Verschiebung der berechneten Eigenfrequenzen ist die Strukturmodifikation von Einzelkomponenten. Für die Anwendung von Methoden aus dem Bereich der Strukturoptimierung ist die Definition eines Optimierungsproblems erforderlich, weshalb in Abschnitt 3.1 ein allgemeines, restringiertes Optimierungsproblem mathematisch definiert wird. Die Relevanz der (teil-)konvexen Eigenschaft von Optimierungsproblemen wird verdeutlicht. Direkte und indirekte Verfahren zur Lösung des restringierten Optimierungsproblem werden eingeführt. Die Lösungsverfahren erfordern eine rechenintensive Evaluierung der Systemantwort nach jeder Strukturänderung. Aus diesem Grund werden oft Approximationsverfahren zur Abschätzung der Änderung der Eigenfrequenzen durch eine Strukturmodifikation genutzt; siehe Abschnitt 3.2. Mit den Approximationsverfahren kann somit die Menge des zu verändernden Materials festgelegt werden, um eine gewünschte Frequenzänderung zu erzielen. Das Lösungsverfahren des Optimierungsproblems ist abhängig von den Freiheitsgraden der zu Beginn der Optimierung gewählten Optimierungsklasse: Der Dimensionierung, der Formoptimierung oder der Topologieoptimierung. Zwischen den Optimierungsklassen gibt es Unterschiede in der möglichen Strukturanpassung und daraus resultierende Vor- und Nachteile; siehe Abschnitt 3.3. Die Vorteile der Topologieoptimierung gegenüber den anderen Optimierungsklassen werden identifiziert. Die Topologieoptimierung unterteilt sich wesentlich in drei Strukturänderungsansätze, welche oft Anwendung in der Eigenfrequenzoptimierung finden [66–68, 72, 92]; siehe Abschnitt 3.4. Mit der geeigneten

---

Ergänzende Information Die elektronische Version dieses Kapitels enthält Zusatzmaterial, auf das über folgenden Link zugegriffen werden kann https://doi.org/10.1007/978-3-658-46764-7_3.

Kombination aus Lösungsansatz, Approximationsverfahren und Strukturänderungs-
ansatz wird die Basis für die Entwicklung einer eigenen Eigenfrequenzoptimierung
geschaffen; siehe Abschnitt 3.4.1. In dem Optimierungswerkzeug *LEOPARD* findet
schließlich die Strukturänderung statt; siehe Abschnitt 3.4.2. Zur Abgrenzung der
eigenen Arbeit zum Stand der Forschung wird die Anwendbarkeit der Ansätze der
Eigenfrequenzoptimierung zur Vermeidung einer Flatter-Instabilität abschließend
diskutiert; siehe Abschnitt 3.5.

3.1　Mathematische Formulierung des Optimierungsproblems

Allgemein besteht ein restringiertes Optimierungsproblem aus der Minimierung
einer Zielfunktion bzw. Kostenfunktion $\mathbf{a} \in \mathbb{R}^{n \times 1}$ bei gleichzeitiger Einhaltung von
Nebenbedingungen [93]. Ferner werden die Nebenbedingungen in r Ungleichheits-
restriktionen $\boldsymbol{H}_1 \in \mathbb{R}^{n \times r}$ und s Gleichheitsrestriktionen $\boldsymbol{H}_2 \in \mathbb{R}^{n \times s}$ unterteilt [59].
Es entsteht die allgemeine mathematische Formulierung eines restringierten Opti-
mierungsproblems

$$\min \ \arg \ \mathbf{a}\,(\zeta) \tag{3.1}$$
$$\text{sodass} \ \ \mathbf{h}_{1,p}\,(\zeta) \leq 0; \quad \text{mit} \quad p = 1, 2, \ldots, s_1$$
$$\mathbf{h}_{2,q}\,(\zeta) = 0; \quad \text{mit} \quad q = 1, 2, \ldots, s_2$$
$$\zeta_{\text{unter}} \leq \zeta \leq \zeta_{\text{ober}}$$

mit $\zeta \in \mathbb{R}^{n \times 1}$ als Entwurfsvariable und den lokal definierbaren Vektoren der
Ungleichheits- bzw. Gleichheitsrestriktionen $\mathbf{h}_1 \in \mathbb{R}^{n \times 1}$ und $\mathbf{h}_2 \in \mathbb{R}^{n \times 1}$ [94]. In
Abhängigkeit zur gewählten Optimierungsklasse beschreibt die Entwurfsvariable
ζ z. B. eine geometrische, physikalische oder materielle Größe und nimmt Zah-
len im Dualsystem oder im reellen Zahlenraum an [59]. Die Entwurfsvariablen
werden in der letzten Nebenbedingung mit ζ_{unter} zu kleineren und mit ζ_{ober} zu
größeren Werten beschränkt. Wenn die Entwurfsvariable eine physikalische Größe
darstellt, werden mit der Beschränkung $[\zeta_{\text{unter}}, \zeta_{\text{ober}}]$ physikalisch unrealistische
Zustände, wie negative Dichten, vermieden [95]. Die Summe an Entwurfsvariablen
stellt den Entwurfsraum dar, welcher wiederum beschränkt ist, um z. B. einen maximalen und minimalen Bauraum für das zu optimierende Bauteil zu definieren [96].
Damit wird mit dem Entwurfsraum die mögliche Materialverteilung eines Strukturgebiets Ω im euklidischen Raum definiert [59]. Zur Modifikation der Struktur

werden die Entwurfsvariablen im Entwurfsraum mittels Strukturänderungsansätzen (Abschnitt 3.4.1) verändert. Nach jeder Änderung der Entwurfsvariablen wird mit dem modifizierten Optimierungsmodell die Strukturantwort anhand der Simulation, z. B. mit der FEM, bestimmt [50]. Die Struktur des Optimierungsmodells ist zulässig, wenn die Nebenbedingungen aus Gleichung 3.1 erfüllt sind [97]. Durch Anwendung eines (iterativen) Optimierungsverfahrens wird versucht die Zielfunktion zu minimieren [98]. Jede Struktur ist brauchbar, welche zur Minimierung der Zielfunktion führt [59]. Es wird angestrebt, dass am Ende der Optimierung eine brauchbare und zulässige Struktur vorliegt [97].

Zur visuellen Darstellung des Optimierungsproblems in Gleichung 3.1 sind die brauchbaren und zulässigen Bereiche des Entwurfsraums in Abbildung 3.1 für zwei Entwurfsvariablen ζ_1 und ζ_2 anhand von zwei Optimierungsproblemen schematisch illustriert. Brauchbare Strukturen sind im Bereich eines globalen Optimums und lokaler Optima der Zielfunktion $\mathbf{a}$ zu finden [59]. Zulässige Strukturen weisen Entwurfsvariablen auf, welche Werte rechtsseitig der Verlaufskurve der eingezeichneten Nebenbedingungen $\mathbf{h}$ annehmen. Die zwei dargestellten Optimierungsprobleme unterscheiden sich in der Konvexität von Zielfunktion und Nebenbedingung. Nach [99] wird eine Zielfunktion $a : [\zeta_{\text{unter}}, \zeta_{\text{ober}}] \rightarrow \mathbb{R}$ in Abhängigkeit von zwei beschränkten Vektoren der Entwurfsvariablen ζ_1 und ζ_2 als streng konvex bezeichnet, wenn die Zielfunktion subadditiv zu ihrer linearen Abbildung ist, sodass gilt

$$a\left(\Theta\zeta_1 + (1-\Theta)\zeta_2\right) \le \Theta a\left(\zeta_1\right) + (1-\Theta)a\left(\zeta_2\right); \quad (3.2)$$

$$\forall \zeta_1, \zeta_2 \in [\zeta_{\text{unter}}, \zeta_{\text{ober}}]; \quad \forall \Theta \in [0, 1].$$

Ferner ist auch die Konvexität für die Nebenbedingungen anhand der Menge χ an Entwurfsvariablen für eine zulässige Struktur

$$\Theta\zeta_1 + (1-\Theta)\zeta_2 \in \chi; \quad \forall \zeta_1, \zeta_2 \in \chi; \quad \forall \Theta \in [0, 1] \quad (3.3)$$

gegeben, sodass eine lineare Variation der Entwurfsvariablen wieder eine zulässige Struktur ergibt [99]. Für streng konvexe Zielfunktionen mit konvexen Nebenbedingungen gilt dann die hinreichende, aber nicht notwendige, Bedingung, dass nur ein globales Minimum existiert [97]. Zeigen die Nebenbedingungen ein lineares Verhalten, ist das Auffinden dieses globalen Optimums ohne das Verlassen des zulässigen Entwurfsraums garantiert [59]. Reale, mehrfach restringierte Optimierungsprobleme weisen jedoch oft Funktionsverläufe von Zielfunktion und Nebenbedingungen mit vielen lokalen Extremstellen auf und sind damit global nicht-konvex [100].

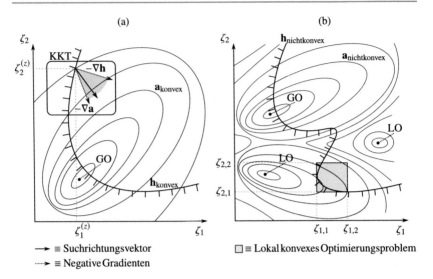

Abb. 3.1 Konvexität eines Optimierungsproblems mit Höhenlinien zur Darstellung des globalen Optimums (GO) und lokaler Optima (LO). **a** Konvexe Zielfunktion mit konvexer Ungleichheitsrestriktion und geometrisch interpretierten KKT-Bedingungen für einen Startpunkt z der Entwurfsvariablen ζ_1 und ζ_2. **b** Nicht-konvexe Zielfunktion mit nichtkonvexer Ungleichheitsrestriktion, aber lokal konvexem Verhalten für $\zeta_1 = [\zeta_{1,1}, \zeta_{1,2}]$ und $\zeta_2 = [\zeta_{2,1}, \zeta_{2,2}]$; in Anlehnung an [59]

Zum Auffinden der zulässigen und brauchbaren Strukturen werden meist die Sensitivitäten der Zielfunktion und Nebenbedingungen berechnet [69, 101, 102]. Eine Sensitivität beschreibt die Richtungsableitung bzw. den Gradienten einer betrachteten Strukturantwort des Optimierungsproblems entlang seiner Entwurfsvariablen [97]. Die Strukturantwort verändert sich am meisten durch Variation der Entwurfsvariablen mit den größten Sensitivitäten [69]. Im Bereich der nichtrestringierten Optimierungsprobleme werden vorwiegend gradientenbasierte Verfahren, wie die eindimensionale Liniensuche oder mehrdimensionale Suchrichtungsstrategien, verwendet [59]. Hierfür werden die Sensitivitäten auf Basis der Zielfunktion gebildet, wodurch das Optimierungsproblem einem Extremwertproblem gleichzusetzen ist und die Lösung stets zulässig ist. Bei restringierten Optimierungsproblemen müssen bei der Änderung der Struktur durch Sensitivitäten zusätzlich die Nebenbedingungen berücksichtigt werden. Zur Integration der Nebenbedingungen in das Optimierungsverfahren wird zwischen direkten und indirekten Optimierungsmethoden unterschieden [97]. Indirekte Optimierungsmethoden erzeugen ein Ersatzproblem, indem die Nebenbedingungen mittels Vorfaktoren mathematisch mit der Zielfunktion gekoppelt werden. Typische indirekte Optimierungsmethoden sind die interne oder externe Straffunktion oder die erweiterte Lagrange-Funktion [59]. In der meist verwendeten Lagrange-Funktion L werden die Nebenbedingungen mit der Zielfunktion

$$\mathbf{L}\left(\zeta, H_1\left(\zeta\right), H_2\left(\zeta\right)\right) = \mathbf{a}\left(\zeta\right) + \sum_{p=1}^{s_1} \gamma_p \mathbf{h}_{1,p}\left(\zeta\right) + \sum_{q=1}^{s_2} \eta_q \mathbf{h}_{2,q}\left(\zeta\right); \qquad (3.4)$$

$$\gamma \in \mathbb{R}^{s_1}; \quad \eta \in \mathbb{R}^{s_2}; \quad \forall \gamma_p \geq 0$$

mittels Lagrange-Multiplikatoren γ_p und η_q zusammengeführt [103]. Die Lagrange-Multiplikatoren werden zu Beginn der Optimierung manuell gewählt. Der Einfluss des jeweiligen Multiplikators wird zur Förderung der Konvergenzgeschwindigkeit durch einen schnell ansteigenden Faktor c ergänzt und nach dem Iterationsschema

$$\gamma_p^{(z+1)} = \max\left(\gamma_p^{(z)} + 2c_1 \mathbf{h}_{1,p}\left(\zeta\right), 0\right); \quad \eta_q^{(z+1)} = \eta_q^{(z)} + 2c_2 \mathbf{h}_{2,p}\left(\zeta\right) \qquad (3.5)$$

variiert [59]. Für inaktive Nebenbedingungen wandert der zugehörige Lagrange-Multiplikator gegen Null. Insofern die Nebenbedingung nicht unzulässig wird, nimmt diese Nebenbedingung einen sinkenden Anteil bis keinen weiteren Einfluss auf die Bestimmung der Sensitivitäten und die Variation der Entwurfsvariablen [59]. Im Optimum des Optimierungsproblems wird die Lagrange-Funktion stationär. Mit der Ableitung der Lagrange-Funktion nach den Entwurfsvariablen und nach den Lagrange-Multiplikatoren folgen die Stationaritätsbedingungen

$$\frac{\partial \mathbf{L}}{\partial \zeta} = 0; \quad \frac{\partial \mathbf{L}}{\partial \gamma} = 0; \quad \frac{\partial \mathbf{L}}{\partial \eta} = 0; \quad \forall \gamma_p, \eta_q \in \mathbb{R} \qquad (3.6)$$

durch die eine stationäre Lösung der (Kosten-)Funktion L gefunden werden kann. Entgegen einem nicht-restringierten Optimierungsproblem, weist die stationäre Lagrange-Funktion im Optimum keine Extremstelle, sondern eine Sattelpunkteigenschaft, auf [97]. Hierfür wird die Zielfunktion minimal, während die Nebenbedingungen maximal notwendig erfüllt werden. Mögliche Methoden zur Bestimmung des Sattelpunktes der Lagrange-Funktion sind die primale und duale Methode [59]. Letztere wird am meisten für Optimierungsprobleme mit vielen Nebenbedingungen angewendet, indem zuerst eine brauchbare Struktur als das Minimum der ersten Bedingung in Gleichung 3.6 für konstante Lagrange-Multiplikatoren bestimmt wird [68]. Anschließend werden die zweite und dritte Bedingung in Gleichung 3.6

maximiert, um die Variation der Lagrange-Multiplikatoren und damit den Einfluss der jeweiligen Nebenbedingung mit konstanten Entwurfsvariablen zu berechnen. Wenn man sich das Optimierungsproblem als topografische Karte, analog Abbildung 3.1, vorstellt, wird mit dem dualen Vorgehen erst die „Talsohle" des Optimierungsproblems als brauchbare Lösung gesucht [59]. Anschließend wird der Sattelpunkt entlang der Talsohle als zulässige und brauchbare Lösung bestimmt. In direkten Methoden wird kein Ersatzproblem erzeugt. Vielmehr werden die Nebenbedingungen direkt im Lösungsverfahren eingebettet. Deshalb sind direkte Methoden effizienter im Auffinden von Sattelpunkten gegenüber indirekten Methoden [59]. Die Sensitivitäten werden bei direkten Methoden meist auf Basis des nichtrestringierten Optimierungsproblems durch Gradienten berechnet. Die Nebenbedingungen werden anschließend berücksichtigt, indem der Suchrichtungsvektor zur Variation der Entwurfsvariablen analog Abbildung 3.1 zum Auffinden einer brauchbaren und zulässigen Struktur eingeschränkt wird. Für eine eindimensionale Optimierung wird z. B. die Einklammerung des Minimums verwendet [104, 105]. Im mehrdimensionalen Optimierungsfall wird u. a. die generalisierte Methode der reduzierten Gradienten nach Zoutendjiks auf Basis von Karush-Kuhn-Tucker-Bedingungen (kurz: KKT) appliziert [106]. Für ein Optimierungsproblem gelten in einem *regulären*[1] Punkt ζ^* die notwendigen, aber nicht hinreichenden KKT-Bedingungen

$$
\begin{aligned}
&\zeta^* \text{ ist zulässig}; \\
\gamma_p \mathbf{h}_{1,p}\left(\zeta^*\right) &= 0; \quad p = 1, s_1 \qquad (3.7) \\
\nabla \mathbf{a}\left(\zeta^*\right) + \sum_{p=1}^{s_1} \gamma_p \nabla \mathbf{h}_{1,p}\left(\zeta^*\right) + \sum_{q=1}^{s_2} \eta_q \nabla \mathbf{h}_{2,q}\left(\zeta^*\right) &= \mathbf{0}; \quad \gamma \in \mathbb{R}^{s_1}; \quad \eta \in \mathbb{R}^{s_2}; \quad \forall \gamma_p \geq 0
\end{aligned}
$$

zum Auffinden einer optimalen Struktur [59]. Auf Basis der KKT-Bedingungen wird die Suchrichtung zur Variation der Entwurfsvariablen bestimmt. Die KKT-Bedingungen sind sehr ähnlich zu den Stationaritätsbedingungen des Lagrange-Ansatzes [59]. Ähnlich zum Vorgehen mit der Lagrange-Funktion werden die Grenzen der Nebenbedingungen auch bei der Methode der reduzierten Gradienten aufgeweicht [106]. Dadurch wird eine Nebenbedingung bereits vor dem Erreichen von dessen Grenzen aktiv und partizipiert an den KKT-Bedingungen und der Bestimmung des Suchrichtungsvektors der nächsten Iteration.

---

[1] Die Entwurfsvariablen eines regulären Punktes ζ^* erfüllen die Slater-Bedingung. Damit ist die Struktur für ζ^* zulässig. Zudem sind die Gradienten der aktiven Nebenbedingungen des Optimierungsproblems für ζ^* linear unabhängig zueinander. [59]

3.2 Klassifizierung der Approximationsverfahren

Mit dem Suchrichtungsvektor wird die Änderung einer Entwurfsvariablen zum Auffinden einer optimalen Struktur bestimmt. In komplexen Optimierungsproblemen liegen die Zielfunktion und die Nebenbedingungen nicht analytisch vor. Zur Lösung des Optimierungsproblems müsste der quantitativ zu verändernde Wert der Entwurfsvariablen entlang des Suchrichtungsvektors entweder aufwendig berechnet oder abgeschätzt werden. Eine Möglichkeit der Abschätzung der Strukturantwort und somit der Lösung des Optimierungsproblems liefern Approximationsverfahren, um die Änderung der Zielfunktion und der Nebenbedingungen in Abhängigkeit zur Variation der Entwurfsvariablen zu bestimmen. In der Eigenfrequenzoptimierung wird oft die Methode der bewegten Asymptoten (kurz: MMA) nach Svanberg als Approximationsverfahren verwendet [107–109]. Im Folgenden wird die MMA zur Abgrenzung der eigenen Arbeit eingeführt.

Allgemein unterscheidet man zwischen lokalen und globalen Approximationsverfahren [97]. Zu den lokalen Methoden zählen unter anderen die sequenzielle lineare und quadratische Programmierung (kurz: SLP bzw. SQP) [47, 110], sowie hybride Verfahren wie CONLIN [59, 68] und MMA [109, 111]. Beispiele für globale Approximationsverfahren bilden die nicht-lineare Regression [112, 113], die statistische Versuchsplanung [28, 114], als auch Interpolationsmodelle [59]. Lokale Verfahren nähern das Strukturverhalten bei geringfügiger Änderung der Entwurfsvariablen sehr gut an [59]. Die Systemantwort wird bei globaler Approximation auf Basis einer großen Zahl an möglichen Strukturen des Entwurfsraums als Stützstellen approximiert [113]. Solche globalen Ansätze sind weniger gut geeignet, wenn lokale Störungen in der Systemantwort infolge einer Änderung der Struktur auftreten [59]. Betrachtet man ein Optimierungsproblem mit vielen Eigenwerten als Nebenbedingungen, hat eine Strukturmodifikation meist einen stark unterschiedlichen Einfluss auf die verschiedenen Frequenzen [67, 115, 116]. Daher treten bei Frequenzoptimierungen meist lokale Effekte durch die Strukturmodifikation auf, die entscheidend für den Optimierungsverlauf und das Auffinden einer zulässigen und brauchbaren Struktur sind [77]. Es wird sich daher im Folgenden auf lokale Approximationsverfahren beschränkt.

Für lokale Approximationsverfahren wird der Einfluss einer geringfügigen Änderung einer Entwurfsvariablen auf die Systemantwort abgeschätzt [97]. Dieser Einfluss kann einen linearen oder einen reziproken Einfluss auf die Systemantwort haben [117]. Für geometrische und materielle Größen kann die Beziehung zur Systemantwort meist analytisch ermittelt werden. Während das Volumen als Entwurfsvariable und die Masse als Systemantwort in linearem Zusammenhang stehen, herrscht zwischen der Änderung der Verschiebung von Freiheitsgraden und der dar-

aus resultierenden Spannung in der Struktur eine reziproke Beziehung [88]. Bei
linearen Zusammenhängen verwendet man Verfahren wie die sequenzielle lineare
Programmierung [47]. Für den reziproken Fall nutzt man zum Beispiel die reziproke Approximation [118]. Mit hybriden Approximationsverfahren lassen sich
der lineare und reziproke Ansatz kombinieren [68]. Die Entscheidung liegt beim
Lösungsverfahren, welche Art der Approximation geeigneter für das Optimierungsproblem ist [97]. Ein Beispiel für hybride Verfahren ist die konvexe Linearisierung
(engl.: CONLIN) [108]. In hybriden Verfahren wird die lineare bzw. reziproke
Beziehung $\Pi \in \mathbb{R}^{n \times 1}$ in das Taylor-Polynom 1. Ordnung $\breve{y}(\zeta)$ zur Approximation der Systemantwort $y : \mathbb{R} \to \mathbb{R}$ aus der Klasse $C^2(\mathbb{R})$ stetig, differenzierbarer
Funktionen

$$y(\zeta) \approx \breve{y}(\zeta) = y\left(\zeta^{(z)}\right) + \sum_{j=1}^{n} \Pi_j \frac{\partial y\left(\zeta^{(z)}\right)}{\partial \zeta_j} \left(\zeta_j - \zeta_j^{(z)}\right) + \mathcal{O}\left(\frac{\partial^2 y\left(\zeta^{(z)}\right)}{\partial \zeta_j^2}\right)$$

(3.8)

unter Verwendung der Landau-Notation $\mathcal{O}$ für die aktuelle Optimierungsiteration z
eingebettet [59]. Das Taylor-Polynom $\breve{y}$ wird um den Term Π_j ergänzt, der in Abhängigkeit zum Vorzeichen der ersten Ableitung der Systemantwort $\partial y/\partial \zeta$ eine lineare
oder reziproke Beziehung des aktuellen Werts der Entwurfsvariable zur Systemantwort erstellt [97]. Für komplexe Strukturen kann die Unterscheidung von linearem
und reziproken Einfluss der Strukturmodifikation auf die Änderung der Frequenzen
nicht immer eindeutig gegeben werden [108]. Aus diesem Grund wendet man für
dynamische Probleme oft die Methode der bewegten Asymptoten (engl.: MMA) zur
Approximation der Frequenzänderung infolge einer Änderung der Entwurfsvariablen an [61]. In MMA nutzt man eine untere und eine obere Asymptote zur Approximation der Systemantwort, welche während des Optimierungsverlaufs dynamisch
angepasst werden [111]. Der Term Π des Taylor-Polynoms in Gleichung 3.8 wird
jetzt durch die Asymptoten von MMA beschrieben, wodurch die resultierende
Approximation der Strukturantwort gegen diese Asymptoten konvergiert. Mit der
Bewegung der Asymptoten wird eine Mischung aus linearer und reziproker Approximation der Systemantwort erzeugt [111]. Dem Anhang in Kapitel A.2 im elektronischen Zusatzmaterial ist eine detaillierte Darstellung der MMA-Methode und die
Kopplung zur Sensitivitätsanalyse auf Basis der Lagrange-Funktion zu entnehmen.
Mit den Sensitivitäten der Entwurfsvariablen und der daraus geforderten Menge
zu verändernden Materials auf Basis von MMA kann das Optimierungsproblem
bereits gelöst werden. Allerdings fehlt die Definition der Entwurfsvariablen des
Optimierungsmodells zur Anpassung der Struktur. Im folgenden Kapitel werden
die Entwurfsvariablen in Abhängigkeit zum gewählten Freiheitsgrad klassifiziert.

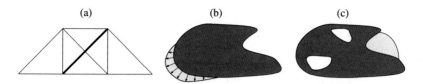

Abb. 3.2 Schematische Darstellung der Freiheitsgrade der drei Optimierungsklassen. **a** Dimensionierung mit Variation der Dicke eines Stabs (in dick gestrichen). **b** Formoptimierung anhand Formbasisvektoren (→). **c** Topologieoptimierung mit Entstehung von Löchern (weiße Bereiche im Gebiet) und Gebietserweiterung (hellgrauer Bereich)

3.3   Differenzierung der Optimierungsklassen

Mit dem Optimierungsmodell werden zum einen die Entwurfsraumgrenzen², sowie die Art und die Umsetzung der Strukturänderung definiert [97]. Die Freiheitsgrade des Optimierungsmodells sind abhängig von der gewählten Optimierungsklasse: Dimensionierung, Formoptimierung und Topologieoptimierung (Abbildung 3.2). Die Aufzählung ist sortiert nach zunehmender Komplexität von der Art und der Anzahl an Entwurfsvariablen [59]. Im Folgenden sollen diese Klassen kurz erläutert werden. Für eine weiterführende Ausführung der Optimierungsklassen wird an dieser Stelle auf die Literatur verwiesen [59, 97, 98].

Für die Dimensionierung stellen z. B. skalare, geometrische Größen von einfachen geometrischen Körpern die Entwurfsvariablen dar, wie globale Blechdicken oder der Querschnitt von Streben [61]. Damit ist diese Art der Optimierung besonders gut geeignet für Strukturoptimierungen mit Entwurfsräumen bestehend aus tragwerkähnlichen Strukturen [96]. In der Formoptimierung vergrößert man die Anzahl an Freiheitsgraden und ermöglicht dadurch einen, über eine Struktur, veränderlichen Rand Γ [120]. Dadurch ist z. B. die Dicke eines Bauteils lokal anpassbar. Es wird unterschieden zwischen der kontinuierlichen Formoptimierung und der Variation des numerischen Rechengitters [109]. Bei Ersterem werden die geometrie-beschreibenden Kurven des CAD-Modells angepasst [54]. Für diese Art der Optimierung ist besonders die Neuvernetzung nach jeder Strukturmodifikation eine nicht unerhebliche Herausforderung [109]. Die Formoptimierung, welche auf

---

² Mittels Entwurfsraumgrenzen beschreibt man sowohl geometrische Limitierungen als auch Einschränkungen durch die gewählte Optimierungsklasse. Zudem wird der Entwurfsraum oft gegen eine zu starke Reduktion restringiert, um eine Minimalstruktur u. a. gegen numerische Instabilitäten und „gesperrte" Anbindungspunkte zu benachbarten Komponenten zu erzeugen. Mit einem Startentwurf wird die Definition von initial vorliegenden Bauteilstrukturen ermöglicht. [119]

dem numerischen Rechengitter basierend die Struktur ändert, ermöglicht die direkte Verwendung des Rechengitters des Simulationsmodells zur Strukturmodifikation mittels Formbasisvektoren [46]. Jedoch variiert die Güte der Approximation der Systemantwort mit voranschreitender Veränderung der Struktur und damit einhergehenden Verzerrungen des numerischen Rechengitters [59]. Zudem ist eine iterative und aufwendige Neuvernetzung für große Strukturänderungen notwendig [109]. Mit der Einführung der Topologieoptimierung wird der Wechsel zwischen Topologieklassen ermöglicht, indem das Entstehen von Hohlräumen bzw. Löchern durch das Hinzufügen von weiteren Freiheitsgraden im Entwurfsraum ermöglicht wird [121]. Außerdem können große Strukturänderungen leicht umgesetzt werden, wie das folgende Kapitel aufzeigt. Aus diesem Grund stellt die Topologieoptimierung die Optimierungsklasse mit den meisten Freiheitsgraden in der Strukturanpassung dar [94]. In der vorliegenden Arbeit wird deshalb die Topologieoptimierung genutzt. Mit der Topologieoptimierung lassen sich sowohl Entwurfsräume bestehend aus geometrisch einfachen Körpern, als auch finite-elementbasierte Entwurfsräume und kontinuierliche Entwurfsräume modifizieren [94, 121, 122]. Für die Anwendung des KEA-Ansatzes wird sich im Folgenden auf finite-elementbasierte Entwurfsräume fokussiert.

3.4   Variation des Entwurfsraums in der Topologieoptimierung

Im Bereich der Frequenzoptimierung, basierend auf finiten-elementbasierten Entwurfsräumen, werden meist Dichteansätze verwendet [64, 65, 94, 123–125]. Hierfür stellt jedes finite Element eine Entwurfsvariable mit o „künstlichen" Freiheitsgraden (dem sogenannten Füllgrad oder Zwischendichte eines Elements) dar. Dichteansätze variieren den Füllgrad der finiten Elemente zur gezielten Änderung der Strukturantwort [64]. Damit wird eine Kopplung zwischen zwei Längenskalen erzeugt: Der Einfluss eines Freiheitsgrads der Struktur auf der makroskopischer Ebene (= finites Element) wird mittels der Freiheitsgrade einer mikroskopischen Ebene (= Füllgrad) variiert [123]. Es wird generell zwischen geometrischen, materiellen und physikalischen Freiheitsgraden zur Beschreibung des Füllgrads unterschieden; siehe Abbildung 3.3. Geometrische Freiheitsgrade führen mehrere geometrische, gleich aufgebaute Körper (Mikrozellen) innerhalb jedes finiten Elements zur Modifikation der Struktur ein [125, 126]. Pro finitem Element wird eine Vielzahl an Mikrozellen gleicher Geometrie eingebettet, wodurch eine Periodizität dieser mikroskopischen Ebene im finitem Element entsteht [59]. Mögliche Änderungen im Bereich der geometrischen Entwurfsvariablen sind die Form, die Länge, der Querschnitt, die

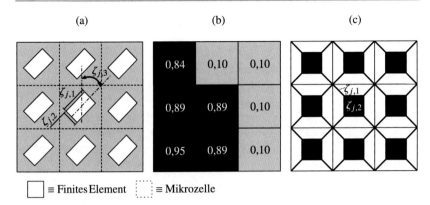

□ ≡ Finites Element   ⋮⋮⋮ ≡ Mikrozelle

Abb. 3.3 Gängigste Entwurfsvariablen im Bereich der Dichteansätze. **a** Geometrische Variation eines finiten Elements durch Mikrozellen mit der Anpassung von $\zeta_{j,1}$, $\zeta_{j,2}$ und $\zeta_{j,3}$. **b** Materielle Entwurfsvariablen als prozentualer Anteil des Füllgrades pro finitem Element. **c** Physikalische Entwurfsvariablen bestehend aus der Steifigkeit $\zeta_{j,1}$ und Masse $\zeta_{j,2}$ zellularer Mikrostrukturen inkludiert in jedes finite Element

Orientierung und die Anordnung der eingeführten Mikrozellen. Im Gegensatz dazu wird bei materiellen Entwurfsvariablen der Füllgrad von finiten Elementen durch die Materialparameter verändert [127, 128]. Hierfür wird der Füllgrad meist durch das Steifigkeits-Massen-Verhältnis des jeweiligen finiten Elements beschrieben [64]. Materielle Verfahren begegnen teils der Problematik, Bauteilränder infolge wenig gefüllter Elemente nicht eindeutig definieren zu können oder numerische Instabilitäten durch finite Elemente mit geringem Youngschen Modul zu erzeugen [63, 121]. Bei physikalischen Entwurfsvariablen wird zum Beispiel eine zellulare Mikrostruktur in jedes finite Element eingeführt [129]. Durch die Änderung der Steifigkeit und Masse der Mikrostruktur wird der Füllgrad des jeweiligen finiten Elements variiert [130].

3.4.1   Einbettung in Strukturänderungsansätze

Zur Lösung eines Optimierungsproblems ist die Einbettung und Verkettung der beschriebenen Dichteansätze, der Sensitivitätsbestimmung und der Approximationsverfahren in einen Optimierungsalgorithmus notwendig [59]. Hierfür werden im Folgenden mathematische und empirische Algorithmen in der Topologieoptimierung erläutert. Für die Beschreibung weiterer Ansätze wird an dieser Stelle auf Fachliteratur verwiesen [59, 97, 131, 132].

Eines der ersten mathematischen, dichtebasierten Optimierungsansätze im Bereich der Topologieoptimierung stellt die Homogenisierungsmethode dar [125]. Als Entwurfsvariablen wird eine Menge an Mikrozellen in jedem finiten Element eingeführt. Das Ziel der Homogenisierungsmethode besteht in der geometrischen Variation der periodisch angeordneten Mikrozellen pro finitem Element zur gezielten Manipulation der Systemantwort der makroskopischen Ebene des Optimierungsmodells [125]. Besonders vorteilhaft ist die Homogenisierungsmethode in der Beschreibung und Variation von orthotropischen Eigenschaften eines Materials [126]. Jedoch sind die richtungsabhängigen Eigenschaften von geometrisch aufwendigen Bremsenkomponenten selten bekannt, wie es die Homogenisierungsmethode fordert [59]. Zudem werden enorm viele Entwurfsvariablen durch die Mikrozellen eingeführt, wodurch der Rechenaufwand exponentiell ansteigt [94]. Ein weiterer und der wohl bekannteste mathematische Optimierungsansatz ist der SIMP-Ansatz (engl: **S**olid **I**sotropic **M**aterial with **P**enalization). Im SIMP-Ansatz wird der Youngsche Modul E und die Materialdichte ϱ jedes finiten Elements durch den Füllgrad des finiten Elements ζ ausgedrückt

$$\varrho\left(\zeta_j\right) = \zeta_j \varrho_0\,, \quad E\left(\zeta_j\right) = \left[\frac{\zeta_{\min} - \zeta_{\min}^\alpha}{1 - \zeta_{\min}^\alpha}\left(1 - \zeta_j^\alpha\right) + \zeta_j^\alpha\right] E_0\,, \quad \forall j \in v \quad (3.9)$$

wobei $\zeta_{\min}$ eine untere positive Schranke der Entwurfsvariable bildet, sowie ϱ_0 und E_0 die Ausgangswerte des homogenen, isotropen Materials darstellen [115]. Die Steifigkeit und die Masse sind in Gleichung 3.9 miteinander gekoppelt. Aus der Kopplung entsteht die Definition des Füllgrads pro finiten Element als Steifigkeits-Massen-Verhältnis. Durch die Einführung eines Bestrafungsfaktors α wird der Füllgrad zu einer 0-1-Struktur gezwungen, wodurch vorwiegend finite Elemente mit vollem und leerem Füllgrad im Entwurfsraum existieren [73]. In der Literatur bedient man sich meist einem Wert von $\alpha = 3$ [94]. Durch die Materialinterpolation nach Gleichung 3.9 kann die Eigenwertsensitivität eines jeden finiten Elements analytisch berechnet werden; siehe Anhang A.1 im elektronischen Zusatzmaterial für die Herleitung. Es resultiert die Abhängigkeit eines Eigenwerts $\lambda_{i,j}$ zur Entwurfsvariable ζ_j pro finitem Element j

$$\frac{\partial \lambda_i}{\partial \zeta_j} = \varphi_{i,j}^T \left(\frac{1 - \zeta_{\min}}{1 - \zeta_{\min}^\alpha} \alpha \zeta_j^{\alpha-1} \boldsymbol{K}_j - \lambda_i \boldsymbol{M}_j\right) \varphi_{i,j} \quad (3.10)$$

während K_j und M_j die symmetrischen Elementmatrizen von Steifigkeit und Masse sind [123]. Die Definition eines minimalen Füllgrads ζ_{min} ist notwendig, um finite Elemente nicht vollständig aus dem Entwurfsraum zu entfernen. Eine Sensitivitätsberechnung ist für vollständig entfernte Elemente aufgrund der leeren Elementmatrizen nicht möglich [132]. Zur Lösung eines modalen Optimierungsproblems kann die erweiterte Lagrange-Funktion (Gleichung 3.4) auf Basis der Eigenwertsensitivitäten aufgestellt werden. Unter Anwendung eines Approximationsverfahrens, wie MMA aus Abschnitt 3.2, wird die notwendige Variation des jeweiligen finiten Elements in jeder Optimierungsiteration z zur Lösung des Optimierungsproblems bestimmt. Positive Eigenwertsensitivitäten kennzeichnen Bereiche, wo eine Strukturmodifikation zu einem höheren Eintrag an potentieller Energie gegenüber der kinetischen Energie bewirkt [75]. Eine Materialanlagerung an dieser Stelle hebt die Eigenfrequenz des zugehörigen Eigenwerts. Im Gegensatz dazu kennzeichnen Bereiche mit negativer Sensitivität in Gleichung 3.10 einen höheren Einfluss der kinetischen Energie [75]. Es wird angenommen, dass eine Materialentfernung an diesen Stellen die Eigenfrequenz ebenfalls erhöht [75]. Die getroffenen Aussagen treffen auch für den reziproken Fall einer Strukturmodifikation zur Reduktion der Eigenfrequenz zu.

Im Bereich der Dichteansätze existieren zudem empirische Optimierungsalgorithmen, wobei die SERA-Methode (engl: **S**equential **E**lement **R**ejection and **A**dmissions) in den meisten Publikationen zu finden ist [66, 133, 134]. SERA ist auch unter dem Namen BESO (engl: **Bi**-directional **E**volutionary **S**tructural **O**ptimization) bekannt, wird aber für die vorliegende Arbeit als SERA bezeichnet, da diesem Optimierungsverfahren kein evolutionäres Lösungsverfahren zugrunde liegt [135]. Generell wird zwischen der *soft-kill* und der *hard-kill* SERA differenziert [136].

Für den soft-kill SERA Ansatz beschränkt man die Werte der Entwurfsvariablen auf 1 für ein volles Element und $\zeta_{min} = 0,001$ für ein leeres Element [134]. Aus der Definition der Entwurfsvariablen ergibt sich die Beschreibung der Sensitivität

$$\frac{\partial \lambda_i}{\partial \zeta_j} = \begin{cases} \varphi_{i,j}^T \left(\frac{1-\zeta_{min}}{1-\zeta_{min}^\alpha} \alpha K_j - \lambda_i M_j \right) \varphi_{i,j}, & \text{wenn } \zeta_j = 1 \\ \varphi_{i,j}^T \left(\frac{\zeta_{min}^{\alpha-1}-\zeta_{min}^\alpha}{1-\zeta_{min}^\alpha} \alpha K_j - \lambda_i M_j \right) \varphi_{i,j}, & \text{wenn } \zeta_j = \zeta_{min} \end{cases} \quad (3.11)$$

welche analog zur Gleichung 3.10 hergeleitet wird [115]. Im Anschluss werden die finiten Elemente ohne Approximationsverfahren nach aufsteigendem Sensitivitätswert sortiert [66]. Danach wird ein Korrekturwert für die Anlagerung definiert, welcher das Verhältnis aus maximal erlaubter Anzahl anzulagernder Elemente zur totalen Anzahl an Elementen des veränderbaren Entwurfsraums[3] festlegt [133]. Mit der Einführung eines Reduktionswerts wird das Verhältnis zwischen zu entfernenden Elementen und denen im veränderbaren Entwurfsraum befindlichen Elementen vorgeschrieben [119]. Ein Element wird angelagert, wenn dessen Sensitivität Teil der Menge des Korrekturwerts ist. Demgegenüber wird ein Element entfernt, wenn dessen Sensitivität zur Menge des Reduktionswerts zählt.

Mit dem hard-kill SERA Ansatz werden ausschließlich finite Elemente mit vollem (100%) oder leerem (0%) Füllgrad zugelassen [123]. Dadurch werden Elemente mit leerem Füllgrad vollständig entfernt und tragen nicht weiter zur Systemantwort bei [132]. Für die Eigenwerte wird die Sensitivität berechnet durch

$$
\frac{\partial \lambda_i}{\partial \zeta_j} = \begin{cases} \varphi_{i,j}^T \left(\alpha K_j - \lambda_i M_j \right) \varphi_{i,j} \,, & \text{wenn } \zeta_j = 1 \\ \varnothing \,, & \text{wenn } \zeta_j = 0 \end{cases} \tag{3.12}
$$

wobei keine Sensitivitäten für leere Elemente aufgrund leerer Elementmatrizen bestimmt werden können [115]. Zur Anlagerung von leeren Elementen wird entweder mittels der Sensitivität eines benachbarten, vollen finiten Elements entschieden oder die Sensitivität der benachbarten vollen Elemente wird auf die leeren Elemente extrapoliert [136]. Beide Verfahren führen aufgrund der Interpolation der Sensitivitäten zu einer nicht eindeutigen Aussage über den Einfluss der Anlagerung von leeren Elementen auf die Strukturantwort [132]. An dieser Stelle ist deshalb zu erwähnen, dass es sich im Fall des hard-kill SERA-Ansatzes nicht weiter um Sensitivitäten handelt [102]. Der Begriff der Sensitivität ist in der Optimierung der Richtungsableitung entlang einer Entwurfsvariable vorbehalten [59]. Zur Abgrenzung wird im weiteren Verlauf der Arbeit von Pseudo-Sensitivitäten bei der Verwendung von hard-kill SERA-Ansätzen oder ähnlichen Verfahren gesprochen. Die Strukturänderung auf Basis der Pseudo-Sensitivitäten wird äquivalent zum soft-kill Ansatz durchgeführt [134].

Als offensichtliche Vorteile des hard-kill Ansatzes sind die nicht notwendige Interpretation der Zwischendichten und somit die Vermeidung von virtuellen Moden [59] und numerischen Instabilitäten [63] zu nennen. Virtuelle Moden bzw. lokale Moden entstehen aufgrund eines lokal geringen Steifigkeits-Massen-Verhältnisses im Entwurfsraum [116]. Diese lokalen Moden können in der Realität nicht entstehen, weil Zwischendichten der finiten Elemente real nicht existieren, und sind zudem für komplexe Strukturen teils schwer zu identifizieren [59]. Demgegenüber liegt der Rand der Struktur beim hard-kill SERA-Ansatz diskret vor

---

[3] Siehe Abschnitt 3.4.2 für die Definition des veränderbaren Entwurfsraums auf Basis sichtbarer Voxel.

und muss, zur Fertigbarkeit des Bauteils, nachträglich ohne die Berücksichtigung des Einflusses der Strukturanpassung auf die Änderung der Frequenzen geglättet werden [96].

3.4.2 Optimierungswerkzeug zur Anwendung der Topologieoptimierung mit Fertigungsrestriktionen

Zur Umsetzung der Strukturänderung eines Algorithmus des vorherigen Kapitels ist ein Optimierungswerkzeug notwendig. Im Bereich der empirischen Topologieoptimierung zur Reduktion von lokal, hohen Spannungswerten eines Bauteils existiert ein heuristisches, iteratives Optimierungswerkzeug, welches LEOPARD (früher: Deltaoptimierer) genannt wird [96, 119]. Der Optimierungsprozess von LEOPARD ist in Abbildung 3.4 schematisch dargestellt. LEOPARD bietet ursprünglich ausschließlich die Definition der von-Mises Spannungen als Nebenbedingung an [119]. Gleichzeitig wird die Massenreduktion als Zielfunktion festgelegt. Als Strukturoptimierungsmethode wird der hard-kill SERA-Ansatz leicht adaptiert. Äquivalent zum hard-kill SERA-Ansatz werden ausschließlich leere und volle Elemente zuge-

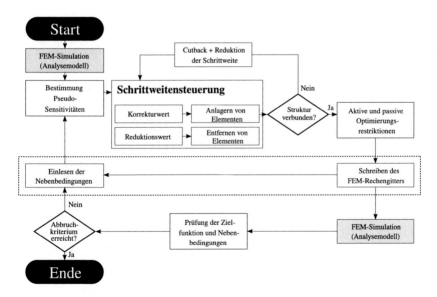

Abb. 3.4 Optimierungsprozess nach heuristischem Verfahren LEOPARD (weiße Boxen) mit Austausch zur FEM-Analyse (graue Boxen) in Anlehnung an [119]

lassen [96]. Die Pseudo-Sensitivität eines finiten Elements ist bei LEOPARD durch die, über alle Lastfälle wirkende, maximale von-Mises Spannung gegeben [119]. Die anschließende Sortierung der Elemente nach absteigender Pseudo-Sensitivität gleicht der hard-kill SERA-Methode. LEOPARD nutzt eine dynamische Schrittweitensteuerung als Lösungsverfahren, um die geforderte Anzahl anzulagernder und zu entfernender Elemente pro Optimierungsiteration als Schrittweite, ohne Approximation der daraus sich ändernden Systemantwort, festzulegen [119]. Hierfür wird die Anzahl zu verändernder Elemente an die Änderung der Systemantwort aus vorheriger Iteration und heuristischen Prüfungen zur Strukturverbundenheit gekoppelt [119].

Äquivalent zum SERA-Ansatz werden der Korrekturwert und der Reduktionswert zur Einordnung der finiten Elemente für die Strukturmodifikation herangezogen. Aufgrund des vollständigen Entfernens von Elementen ist die Materialanlagerung ausschließlich für Elemente möglich, die räumlich benachbart zum Rand Γ der Struktur der aktuellen Optimierungsiteration sind [96]. Jedoch stellt die Identifikation von benachbarten Elementen eine Herausforderung für komplexe Strukturen mit willkürlich angeordnetem Rechengitter dar [119]. Deshalb wird sich strukturierten Rechengittern bestehend aus Voxel-Elementen[4] für die Beschreibung der Entwurfsvariablen bzw. des Entwurfsraums in LEOPARD bedient [119].

Die räumlichen Nachbarschaften von Voxel werden mittels der Moore- und von-Neumann-Nachbarschaft aus dem Bereich der zellularen Automaten in LEOPARD klassifiziert [137]. Für die Bestimmung der Nachbarschaft betrachte man ein Voxel ζ_1 der aktuellen Struktur; siehe Abbildung 3.5. Jedes Voxel liegt in der Moore-Nachbarschaft, wenn dieses einen gleichen Elementknoten mit dem betrachteten Voxel ζ_1 aufweist [137]. LEOPARD identifiziert und „aktiviert" leere Voxel, also lagert Voxel in der Moore-Nachbarschaft des Voxel ζ_1 an [119].

Durch die Verwendung von Voxel wird auch die Materialreduktion vereinfacht. In LEOPARD kann ein Voxel entfernt werden, wenn dieser in einer von-Neumann Nachbarschaft zu einem Voxel des Strukturrandes steht [119]. Zur Beschränkung der Materialreduktion wird eine Eindringtiefe festgelegt, die die maximal, mögliche Anzahl zu entfernender Voxel orthogonal zum Strukturrand Γ definiert [96]. Man betrachte den Voxel ζ_2 in Abbildung 3.5. Voxel sind in der von-Neumann-Nachbarschaft, wenn diese eine Elementkante mit dem betrachteten Voxel ζ_2 teilen [137]. In Abbildung 3.5 beschreibt ζ_2 den Rand des Strukturgebiets bestehend aus vollen Voxel. Mit der Definition der Eindringtiefe von 2 Voxel wird nach LEOPARD das Voxel ζ_2 und sein in von-Neumann-Nachbarschaft rechts

---

[4] Voxel (engl.: **Vo**lumetric pi**xel**) sind lineare Hexaeder-Elemente mit äquidistanter Elementkantenlänge.

benachbartes Voxel entfernt. Mit der Eindringtiefe wird damit das maximale Voran-
schreiten der Elementreduktion in das Strukturgebiet Ω pro Optimierungsiteration
beschränkt [96].

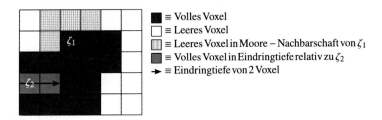

$\blacksquare \equiv$ Volles Voxel
$\square \equiv$ Leeres Voxel
$\boxplus \equiv$ Leeres Voxel in Moore – Nachbarschaft von ζ_1
$\blacksquare \equiv$ Volles Voxel in Eindringtiefe relativ zu ζ_2
$\rightarrow \equiv$ Eindringtiefe von 2 Voxel

Abb. 3.5 Sichtbarkeit von Voxel in Abhängigkeit zur räumlichen Nachbarschaft und der
Eindringtiefe in Anlehnung an [119]

LEOPARD definiert die räumlich benachbarten leeren Voxel zur Materialanlagerung und die entfernbaren Voxel als sichtbare Voxel der Menge S des veränderbaren Entwurfsraums [119]. Der veränderbare Entwurfsraum ist selbst räumlich begrenzt [96]. Mit der Vorgabe eines maximalen Bauraums ist die Expansion
des Entwurfsraums limitiert [119]. Kopplungs- und Kontaktstellen zu benachbarten
Bauteilen sind gegen eine Strukturmodifikation zu schützen, wodurch der Entwurfsraum weiter eingeschränkt wird [119]. Zudem kann die Sichtbarkeit von Voxel mit
der Anwendung von heuristischen Methoden zur Erstellung eines fertigbaren Bauteils weiter eingeschränkt werden [96]. Hierzu zählen die Sperrung von Voxel gegen
eine Strukturänderung als auch ein nachträgliche Strukturanpassung infolge aktiver
und passiver Optimierungsrestriktionen; siehe Anhang Kapitel B im elektronischen
Zusatzmaterial.

Nach der Strukturänderung wird die Verbundenheit des Strukturgebiets Ω
geprüft. Für die Strukturverbundenheit werden Elemente identifiziert, welche zur
Kopplung von Lastangriffs- und Lagerungspunkt notwendig sind. Durch die Sperrung dieser Elemente wird ein statisch unterbestimmtes System in jeder Optimierungsiteration vermieden. Im Fall einer nicht verbundenen Struktur wird ein *Cutback*[5] durchgeführt und die berechnete Schrittweite der aktuellen Optimierungsiteration stark reduziert. Entgegen dem SERA-Ansatz können dadurch große Strukturänderungen, wie das Entfernen von Streben, zurückgenommen werden. [119]

---

[5] In der Optimierung tritt ein Cutback ein, wenn eine Restriktion verletzt worden ist, und
dadurch die vorliegende Iteration unzulässig wird. Mit einem Cutback wird die Struktur der
vorherigen Iteration wieder hergestellt.

3.5   Einordnung der eigenen Arbeit

Nach der Darstellung von Methoden der Strukturoptimierung ordnet dieses Kapitel die vorliegende Arbeit in den Stand der Forschung ein. Zur Einsortierung und Abgrenzung der eigenen Arbeit werden fünf wesentliche Merkmale einer Strukturoptimierung für die gezielte Änderung von Frequenzen beleuchtet: 1. Formulierung des Optimierungsproblems, 2. Erstellung der Kostenfunktion, 3. Auswahl des Optimierungsalgorithmus, 4. Bestimmung der Sensitivitäten, sowie 5. Approximation der Strukturantwort.

Viele Publikationen formulieren die gezielte Manipulation von Frequenzwerten als Zielfunktion, während die Reduktion der Masse durch die Restriktion eines maximalen Volumens realisiert wird [43, 54, 61, 67, 110, 138, 139]. Wiederum andere Veröffentlichungen beschreiben die Frequenzen als Nebenbedingung und die Reduktion der Masse der Struktur als Zielfunktion [60, 140, 141]. Im Bereich der angestrebten Strukturoptimierung mit einer Zielfunktion müssen die Frequenzen für die erste Art von Optimierungsproblem kombiniert betrachtet werden, um eine einzige Zielfunktion zu generieren [124]. Hierfür ist eine gewichtete Addition der Eigenwert-Sensitivitäten möglich, wobei eine Gewichtung der Eigenwerte in Abhängigkeit vom Abstand der jeweiligen Eigenfrequenz zu ihrem Zielwert realisiert werden kann [69]. Jedoch sind im Fall einer dynamischen Flatter-Instabilität viele Eigenfrequenzen benachbart zu den Frequenzen der koppelnden Moden und müssen im Optimierungsproblem berücksichtigt werden [39]. Mit den aufsummierten Eigenwert-Sensitivitäten kann nicht kontrolliert werden, welche der Moden zu welchem Frequenzwert bzw. zu welcher Nebenbedingung „wandert". Im Fall der Flatter-Instabilität steht jedoch der Frequenzwert der Mode über den Reibkoeffizienten in direkter Kausalität zur Entstehung von Flatter-Instabilitäten [43, 45]. Infolge der aufgeführten Gründe ist die Verwendung der Eigenfrequenzen als Nebenbedingungen für die Vermeidung einer Flatter-Instabilität eher zielführend, während die Massenreduktion als Zielfunktion definiert wird; siehe Abschnitt 4.1 für den Aufbau des Optimierungsproblems.

Nach der Definition des Optimierungsproblems muss eine indirekte oder direkte Optimierungsmethode ausgewählt werden, um die Zielfunktion mit den Nebenbedingungen zu kombinieren. Ein oft verwendeter Ansatz der Strukturoptimierung im Bereich der indirekten Verfahren bietet die erweiterte Lagrange-Funktion [142]. Es werden kurz die Herausforderungen dieses indirekten Verfahrens für die angestrebte Eigenfrequenzoptimierung dargestellt: Mit den Eigenwerten als Nebenbedingung werden die Frequenzen in der Lagrange-Funktion infolge der Lagrange-Multiplikatoren gewichtet berücksichtigt. Stets zulässige Eigenwerte nehmen durch kleiner werdende Lagrange-Multiplikatoren einen immer weiter sinkenden Einfluss auf die Lagrange-Funktion. Infolge eines endlichen, veränderbaren Entwurfsraums und vielen restringierten Eigenwerten kann die Änderung von bestimmten Frequenzen durch eine Strukturmodifikation unvorhersehbar groß ausfallen, wodurch deren Nebenbedingungen nicht weiter erfüllt werden. Für diese Frequenzen wäre eine iterative Reduktion der Lagrange-Multiplikatoren nicht zielführend. Jedoch lassen sich die quantitativen Änderungen der Frequenzwerte infolge vieler Strukturmodifikationen an verschiedenen Bereichen des Bauteils nur schwer abschätzen [39]. Werden jedoch die Lagrange-Multiplikatoren nicht deutlich reduziert, entsteht ein anderes Problem infolge der konservativen Beschreibung der Nebenbedingungen des Optimierungsproblems durch die Lagrange-Funktion: Eine große Verschiebung der ausgewählten Frequenz steht im Widerspruch zu einer geringen Änderung der Struktur aufgrund stets aktiver Nebenbedingungen [59]. Eine weitere Herausforderung für die Lagrange-Funktion ist, dass die Nebenbedingungen des Optimierungsproblems für die Verschiebung einer ausgewählten Frequenz zu Beginn unzulässig sind. Im unzulässigen Bereich wird mit der Lagrange-Funktion das Auffinden einer zulässigen Struktur gegenüber der Minimierung der Zielfunktion priorisiert [59]. Damit ist nicht sichergestellt, dass die Masse der Bauteils in jeder Optimierungsiteration durch das Verfahren minimiert wird, obwohl der Entwurfsraum eine Materialentfernung zulassen würde. Daher wird in der vorliegenden Arbeit eine direkte Optimierungsmethode erstellt, um die Nebenbedingung direkt im Lösungsalgorithmus zu berücksichtigen.

Vor der Bestimmung der Sensitivitäten ist die Definition der Entwurfsvariablen entscheidend. Diese Arbeit beschränkt sich aufgrund der in Abschnitt 3.3 dargestellten Möglichkeiten in der Formgestaltung auf die Topologieoptimierung. Dichteansätze versprechen im Bereich der Topologieoptimierung effiziente Optimierungsalgorithmen durch die direkte Kopplung der Eigenwertsensitivität zu den Entwurfsvariablen. Viele der Publikationen verwenden daher Methoden aus dem Bereich der Dichteansätze, um Frequenzen zu verschie- ben [64, 67, 107, 115] oder ein geometrisch nicht-lineares Analysemodell zu optimie- ren [143, 144]. Letztere Ansätze sind für die Optimierung mit der KEA von hoher Relevanz, da nach jeder Strukturänderung mit den aktuellen Werten der Entwurfsvariablen ein statischer, nicht-linearer Analyseschritt durchgeführt werden muss. Dem Autor sind keine Publikationen zur Optimierung von Bremsenkomponenten, außer der Bremsscheibe, für die Vermeidung einer dynamischen Flatter-Instabilität im Bereich der Topologieoptimierung ohne die Verwendung von Minimalmodellen bekannt. Daher ist die Auswahl einer, für das vorliegende Optimierungsproblem, passenden Strukturoptimierungsmethode im Bereich der Topologieoptimierung notwendig. Dichtebasierte Optimierungsmethoden, wie SIMP und soft-kill SERA, erzeugen während der Optimierung Strukturen mit Zwischendichten, die in der Realität nicht umsetzbar sind [59].

Durch die Zwischendichten wird das Auftreten von numerischen Instabilitäten im Bereich der Frequenzoptimierung und der nicht-linearen Strukturdynamik während des Optimierungsprozesses begünstigt [145]. Für dynamische Optimierungsprobleme können die Zwischendichten zu virtuellen Moden im betrachteten Frequenzbereich der Optimierung führen [64]. In der Realität treten diese Moden nicht auf, weil Bereiche mit geringem Füllgrad real nicht existieren. Eine Abhilfemaßnahme ist die Beschränkung des Steifigkeits-Massen-Verhältnisses auf einen konstanten Wert für Elemente mit geringem Füllgrad [64]. Allerdings ist die Interpretation der Strukturgrenzen aufgrund der nicht ganz leeren Elemente nach der Optimierung aufwendig. Zur Prävention von numerischen Instabilitäten ist die Applikation von geometrischen Approximationsmethoden möglich, wie Filtermethoden [146–148], Projektionsmethoden [149] und der Kontinuitätsmethode [150]. Mit den genannten Methoden können numerische Instabilitäten überwiegend unterbunden werden [146]. Allerdings führen diese Methoden zu einer „Verschmierung" der Sensitivitäten, wodurch eine gezielte Anpassung von einzelnen Strukturbereichen trotz der analytischen Berechnung der Eigenwert-Sensitivitäten erschwert wird [148]. Zur Verschiebung ausschließlich einer Frequenz für eine Struktur mit einer aufwendigen Geometrie und einem endlichen Entwurfsraum können teils nur kleine, lokale Strukturanpassungen zum Erreichen des Optimierungsziels erforderlich sein [140]. Damit gefährden die Methoden zur Erzielung eines stabilen Dichteansatzes das Lösen des Optimierungsproblems. Des weiteren kann bei der nicht-linearen Analyse die Steifigkeitsmatrix aufgrund von finiten Elementen mit geringem Füllgrad negativ definit oder indefinit werden [144]. Wenn es der Ermittlung der statischen Gleichgewichtslage einer nicht-linearen Analyse bedarf, ist es nach [63] wahrscheinlich, dass das oft verwendete Newton-Raphson-Verfahren divergiert. Zwar lassen sich die Konvergenzeigenschaften adaptieren oder ein anderes, robusteres numerisches Lösungsverfahren wählen, jedoch sinkt infolgedessen auch die Qualität des Analysemodells. Es ist daher empfehlenswert, eine Optimierungsmethode zu verwenden, die die numerischen Instabilitäten durch Zwischendichten in finiten Elementen vermeidet. Aus diesem Grund wird in der vorliegenden Arbeit ein hard-kill Ansatz verwendet, der ausschließlich volle oder leere finite Elemente erzeugt, wodurch eine positiv finite Steifigkeitsmatrix in jeder Optimierungsiteration vorliegt und virtuelle Moden vermieden werden [145]. Zudem besteht die Möglichkeit für zukünftige Arbeiten, die entwickelte Methode mit Fertigungsrestriktionen einfach zu kombinieren [96].

Aufgrund des ausgewählten hard-kill Optimierungsansatzes können die zwei der drei eingeführten (Pseudo-)Sensitivitäten in Gleichung 3.10 und Gleichung 3.11 in der vorliegenden Arbeit nicht verwendet werden. An dieser Stelle ist zu erwähnen, dass in der Bestimmung der Eigenwert-Sensitivitäten die Änderung der Eigenformen infolge einer Strukturmodifikation als konstant angenommen werden, da deren Berechnung aufwendig ist [73]. Damit ist eine genaue Approximation des Systemverhaltens nur für kleine Änderungen an der Struktur möglich. Wie klein diese Strukturänderungen sein müssen, um die berechnete Sensitivität zu erfüllen, ist nicht bekannt. Weil die Eigenwerte als Nebenbedingungen und eine direkte Optimierungsmethode gewählt worden sind, ist die Verwendung der Pseudo-Sensitivitäten in Gleichung 3.12 in Form von KKT-Bedingungen möglich. Eine Strukturänderung bedeutet eine lokale Änderung der kinetischen bzw. potentiellen Energie [75]. Die Pseudo-Sensitivitäten beschreiben demzufolge das Verhältnis von eingetragener potentieller zu zusätzlich wirkender kinetischer Energie. Mit der Verwendung der Pseudo-Sensitivitäten und den KKT-Bedingungen wird der Suchrichtungsvektor extrem stark eingeschränkt, wenn viele Eigenwerte berücksichtigt werden und während des Optimierungsverlaufs drohen unzulässig zu werden. Damit können große Änderungen für eine ausgewählte Frequenz weniger schnell oder gar nicht erst erreicht werden. Eine Abhilfe könnte eine alternative Pseudo-Sensitivität sein, welche die Eigenwerte unabhängig von der Zulässigkeit derer Nebenbedingungen geeignet korreliert und zu verändernde Bereiche für die Verschiebung überwiegend einer Frequenz kennzeichnet; siehe Abschnitt 4.2. Bei der resultierenden, „alternativen" Pseudo-Sensitivität nimmt weniger die Korrelation der kinetischen und potentiellen Energien einen hohen Stellenwert ein, sondern mehr die möglichen Interaktionen der Eigenwerte infolge einer Strukturmodifikation. Da keine Zwischendichten durch die Applikation des hard-kill Ansatz ermöglicht werden, wird eine ableitungsfreier Optimierungsansatz zur Bestimmung der alternativen Pseudo-Sensitivitäten verfolgt.

Abschließend wird begründet, warum keines der beschriebenen Approximationsverfahren Anwendung in der vorliegenden Arbeit findet. Die Bestimmung der Menge des zu verändernden Materials kann auf Basis einer Approximation der Strukturantwort getroffen werden. Allerdings existieren n Eigenwerte als „Strukturantworten" eines dynamischen Systems mit einem modalen Unterraum der Dimension n. Damit muss der Einfluss einer auf dem Bauteil verteilten Strukturänderung für jeden Eigenwert separat abgeschätzt werden. Der Einfluss einer Strukturmodifikation kann sich allerdings von Eigenwert zu Eigenwert und auch von Struktur zu Struktur stark unterscheiden [151]. Ferner ist die quantitative Änderung eines Eigenwerts infolge einer großen, strukturellen Anpassung einer komplexen Struktur und der damit einhergehenden nicht-linearen Variation der Systemantwort nicht eindeutig bekannt [151]. Eine verbesserte Möglichkeit der Approximation der dynamischen Systemantwort bietet die MMA-Methode, wobei deren Asymptoten zu Beginn der Optimierung, ohne Kenntnis der Beziehung der Eigenwerte zur lokalen Strukturmodifikation, manuell gewählt werden müssen. Um eine adäquate

lokal konvexe, lineare Approximation der Eigenwert-Sensitivitäten zu gewährleis-
ten, wird meist eine konservative Änderung der Struktur für das MMA-Verfahren
empfohlen [107]. Um auch große Änderungen der Struktur für die Topologieoptimierung zu ermöglichen, sieht der Autor von einem Approximationsverfahren
zur Bestimmung der Menge zu verändernden Materials ab. Es wird vielmehr eine
eigene Schrittweitensteuerung in Abschnitt 4.3.4 hergeleitet. Mit dieser Steuerung
der Schrittweite wird die Menge zu verändernden Materials auf Basis des ver-
gangenen Optimierungsverlaufs und der Tendenz der Frequenzenwertänderungen
bestimmt.

Manipulation von ausgewählten Eigenfrequenzen einer Einzelkomponente

Anhand der eingeführten Grundlagen und der Eingrenzung des vorliegenden Forschungsthemas wird in diesem Kapitel eine Methode zur Strukturoptimierung für die Verschiebung einer ausgewählten Eigenfrequenz erstellt und anhand von Einzelkomponenten untersucht. Zuerst wird das vorliegende Optimierungsproblem mathematisch definiert; siehe Abschnitt 4.1. Dann wird die Methode vorgestellt, welche folgende Prozessschritte umfasst:

1. Bestimmung der Pseudo-Sensitivitäten zur Änderung einer Eigenfrequenz.
2. Kopplung der Pseudo-Sensitivitäten an den sichtbaren Entwurfsraum und die konstant zu haltenden Eigenfrequenzen.
3. Durchführung der Strukturmodifikation.
4. Variation der Menge zu verändernder Voxel pro Optimierungsiteration in Abhängigkeit zur erzielten Systemantwort.

Für die Bestimmung der Pseudo-Sensitivitäten eines ausgewählten Eigenwerts werden zwei *Gütefunktionen* eingeführt, welche in einer einzigen Kostenfunktion geeignet zusammengeführt werden. Mit den Gütefunktionen werden Positionen auf der Struktur gekennzeichnet, an denen eine Strukturmodifikation maßgeblich die ausgewählte, zu verschiebende Frequenz und weniger die konstant zu haltenden Eigenfrequenzen beeinflusst; siehe Abschnitt 4.2. Anschließend wird ein Lösungsverfahren zur Konditionierung der Gütefunktionen vorgestellt; siehe Abschnitt 4.3. Mit

Ergänzende Information Die elektronische Version dieses Kapitels enthält Zusatzmaterial, auf das über folgenden Link zugegriffen werden kann https://doi.org/10.1007/978-3-658-46764-7_4.

der Konditionierung werden die Gütefunktionen zum einen an die Menge sichtbarer Voxel gekoppelt. Damit wird die Modifikation der Struktur in jeder Iteration gewährleistet. Zum anderen wird ein Ansatz auf Basis des Modal Assurance Criterion (kurz: MAC) zur Gewichtung der konstant zu haltenden Eigenwerte in den Gütefunktionen aufgezeigt. Die Verschiebung einer Eigenfrequenz auf Basis der Gütefunktionen führt zur Änderung von anderen Eigenfrequenzen [80]. In Abschnitt 4.3.3 wird eine Möglichkeit aufgezeigt, um auf Basis der zwei Gütefunktionen ausgewählte, benachbarte Eigenfrequenzen auf deren Ausgangswerten zu halten bzw. zu deren originären Werten zu schieben. Nach erfolgter Strukturanpassung wird in LEOPARD die Schrittweite, die mit der Menge zu verändernder Voxel korreliert, neu berechnet. In Abschnitt 4.3.4 wird eine Schrittweitensteuerung für die Frequenzoptimierung erstellt.

Schließlich wird der erarbeitende Ansatz auf zwei Einzelkomponenten zur Verschiebung einer einzigen Eigenfrequenz analysiert. Mit Hilfe eines Plattenmodells werden anhand eines geometrisch einfachen Minimalmodells das Potential und die Herausforderungen der Methode identifiziert. Zuerst wird ein Optimierungsmodell für das Plattenmodell erstellt. Anschließend wird der Einfluss des Rechengitters auf das Analysemodell und das Optimierungsmodell der Platte diskutiert. Danach wird die Methode angewendet, wobei ausschließlich die Änderung jeweils einer Frequenz betrachtet wird. Der Einfluss der Schrittweitensteuerung auf den Optimierungsverlauf wird beleuchtet. Im Anschluss wird die erste Eigenfrequenz der Platte zu verschiedenen höheren und niedrigeren Zielwerten verschoben, während unterschiedlich viele weitere konstant zu haltende Frequenzen berücksichtigt werden. Abschließend wird die Bildung von Hohlräumen und Löchern für das Plattenmodell ermöglicht. Herausforderungen in der Modenverfolgung werden identifiziert. Im nächsten Schritt wird ein Optimierungsmodell für eine geometrisch aufwendigere Struktur erstellt. Bei Flatter-Instabilitäten zeigt der Bremssattel durch hohe, lokale Schwingungsamplituden oft eine große Beteiligung an der komplexen Schwingform des Bremsengesamtmodells [50, 51, 55]. Daher wird eine reale Bremssattel-Geometrie für die Untersuchungen genutzt. Zuerst wird jeweils nur eine Frequenz des Bremssattels auf einen Zielwert gebracht und mit dem Plattenmodell verglichen. Der Einfluss des Rechengitters wird für die geometrisch aufwendigere Struktur erneut untersucht und Unterschiede zum Plattenmodell herausgearbeitet. Zum Schluss wird die erste Frequenz des Bremssattels zu verschiedenen höheren und niedrigeren Zielwerten verschoben, während andere Frequenzen jeweils an deren Ausgangswerten gehalten oder zu diesen Werten zurück verschoben werden.

4.1 Definition des Optimierungsproblems

Vor der Erarbeitung einer Eigenfrequenzoptimierung ist die Definition eines Optimierungsproblems erforderlich. In Abschnitt 3.5 wird aufgezeigt, dass die Definition
der Frequenzen als Nebenbedingungen zur Vermeidung einer Flatter-Instabilität zu
bevorzugen ist. Für die Frequenzverschiebung an einer Einzelkomponente werden
aus diesem Grund die rein imaginären Eigenwerte λ_i des modalen Unterraums als
Nebenbedingungen in einem Optimierungsproblem

$$\min \arg \quad m$$

$$\text{sodass} \quad \iota \left(\Delta\lambda_{\text{prio}}^{(z)} - \Delta\lambda_{\text{prio}}^* \right) \leq 0$$

$$\left| \lambda_i^{(z)} - \lambda_{i,0} \right| - \Delta\lambda_i \leq 0, \quad \forall i \in l \tag{4.1}$$

$$\zeta_j^{(z)} = 0 \quad \text{oder} \quad 1, \quad \forall j \in v$$

formuliert, wobei λ_{prio} den Eigenwert der zu verschiebenden Frequenz darstellt.
λ_{prio} wird als *priorisierter* Eigenwert bzw. priorisierte Frequenz der priorisierten
Mode φ_{prio} definiert. Mit $\Delta\lambda_{\text{prio}}$ wird die Differenz des derzeitigen, priorisierten
Frequenzwerts zu dessen Ausgangswert für die aktuelle Optimierungsiteration z
angegeben. ι beschreibt die Richtung der geforderten Frequenzverschiebung von
λ_{prio}. Die Eigenfrequenz von λ_{prio} soll um $\Delta\lambda_{\text{prio}}^*$ angehoben werden, wenn für ι
ein Wert von -1 verwendet wird. Für $\iota = 1$ fordert das Optimierungsproblem in
Gleichung 4.1 eine um den Wert $\Delta\lambda_{\text{prio}}^*$ zu senkende Eigenfrequenz des Eigenwerts
λ_{prio}. Der Zielwert der Frequenzverschiebung wird durch λ_{prio}^* für die priorisierte
Mode angegeben. Somit ist die erste Nebenbedingung des Optimierungsproblems
zu Beginn der Optimierung unzulässig. In der vorliegenden Arbeit wird von einer
autarken Frequenzverschiebung einer priorisierten Frequenz gesprochen, wenn die
definierten Nebenbedingungen des Optimierungsproblems in Gleichung 4.1 vollständig erfüllt sind. Im Fall der Nebenbedingungen der nicht-priorisierten Eigenfrequenzen λ_i mit $i \in l$, wird eine maximal zulässige Gesamtverschiebung $\Delta\lambda_i$ relativ
zum Ausgangswert $\lambda_{i,0}$ des jeweiligen Eigenwerts vorgegeben. Damit wird für jeden
konstant zu haltenden Eigenwert eine geringfügige Änderung zugelassen. Für die
bessere Übersicht werden die Moden der Menge l im Folgenden als *untergeordnete*
Moden bezeichnet. Mit der Menge $l \subset n$ wird die Anzahl der berücksichtigenden,
untergeordneten Moden des modalen Unterraums vor der Optimierung festgelegt.
Die Anzahl an Nebenbedingungen steigt linear mit der Menge an berücksichtigenden, untergeordneten Moden. Abschließend ist das Optimierungsproblem auf den

hard-kill Ansatz beschränkt, sodass nur Werte von Null und Eins für die Entwurfs-variablen ζ_j existieren.

4.2   Sensitivitätsanalyse der Eigenwerte durch Gütefunktionen

Die Inhalte des vorliegenden Kapitels sind in wissenschaftlichen Artikeln bereits veröffent- licht [80, 140]. Ferner sind die Gütefunktionen Bestandteil von zwei wissenschaftlichen Arbeiten [152, 153]. Im Folgenden wird die Herleitung und Beschreibung der Gütefunktionen auf Basis der genannten Publikationen präsentiert. Das Ziel des Kapitels ist die Herleitung der Pseudo-Sensitivitäten zur Identifikation von vielversprechenden Bereichen auf der Struktur, an welchen eine strukturelle Modifikation zur autarken Frequenzverschiebung eines ausgewählten Eigenwerts führt.

Die Berechnung der Sensitivität eines Eigenwerts in Gleichung 3.10 kann auch energetisch betrachtet werden; siehe Anhang Kapitel A.1 im elektronischen Zusatzmaterial. Mit der Betrachtung der Energien sind die größten Sensitivitäten eines Eigenwerts an Bereichen mit den höchsten Schwingungsamplituden und gleichzeitig der maximalen Differenz zwischen der potentiellen und kinetischen Energie zu finden [75]. Damit kann die Verschiebung einer Eigenfrequenz bereits durch eine Strukturmodifikation an den maximalen Amplituden der zugehörigen Mode erzielt werden [80]. Die Frequenzänderung, also die Effizienz der Strukturmodifikation, wird durch das Verhältnis der lokal wirkenden potentiellen und kinetischen Energie quantifiziert. Jedoch wird die Anzahl veränderlicher Entwurfsvariablen infolge der Energiebetrachtung in Gleichung 3.10 erheblich reduziert. Das Erreichen der Entwurfsraumgrenzen stellt somit die Konvergenz der maximalen Einflussnahme auf einen Eigenwert da. Nach dem Erreichen der Entwurfsraumgrenzen müssen demzufolge „suboptimale" Bereiche identifiziert werden, um eine Frequenz unter Berücksichtigung der Energieformen zu verschieben. Bei sehr vielen, restringierten Eigenwerten können die Eigenwertsensitivitäten durch die Energiebetrachtung teils sehr unterschiedliche Vorgaben an die Strukturmodifikation für dieselben Entwurfsvariablen haben. In anderen Worten: Es wird eine Materialanlagerung für einen Eigenwert an einer Entwurfsvariable gefordert, um diesen maximal zu beeinflussen, während für einen anderen Eigenwert eine Materialentfernung dort vorgesehen ist. Damit kann eine simultane hohe Verschiebung vieler Frequenzen in entgegengesetzte Richtungen nicht immer unterbunden werden. Unter Anwendung des Lagrange-Ansatzes und der Regulierung der Einflüsse der Eigenwertsensitivitäten durch die Lagrange-Multiplikatoren kann das Optimierungsproblem ggf. weiterhin gelöst werden. Jedoch soll in dieser Arbeit eine weitere Möglichkeit erarbeitet werden: Die Korrelation der Amplituden der Eigenvektoren der zu verschiebenden Eigenwerte ohne Energiebetrachtung. Diese Abschätzung restringiert die Strukturoptimierung weniger, indem eine Strukturänderung an Bereichen mit einem geringen Energieverhältnis des jeweiligen Eigenwerts stattfinden können. Mit diesem Ansatz wird die Diversität der Eigenvektoramplituden der Frequenzen in den Vordergrund gestellt.

Pro Voxel des Optimierungsmodells darf in LEOPARD maximal ein Wert vorliegen [119]. Ein Voxel kann an den Stirnflächen und an Knoten von bestehenden Voxel verändert werden [96]. Der Einfluss eines Voxel auf die richtungsabhängigen, physikalischen Eigenschaften einer Mode ist deshalb kaum zu bestimmen. Um trotzdem den Einfluss der Strukturmodifikation von den Voxel auf einen Eigenwert abzuschätzen, wird der Betrag der zugehörigen Modenamplitude für die Voxel bestimmt. Dafür werden für die Eigenvektoren die betragsmäßigen Verschiebungsamplituden $\varphi_{i,j,R} = |\varphi_{i,j}|$ mit $\varphi_{i,j,R} \in \mathbb{R}^{n/3 \times 1}$ an jedem Knoten eines Voxel j auf Basis der translatorischen Freiheitsgrade berechnet. Zudem werden für die Dehnungsamplituden einer Mode die maximale, absolute Hauptdehnung pro Freiheitsgrad $\psi_{i,j,R} = \max(|\psi_{i,j}|)$ mit $\psi_{i,j,R} \in \mathbb{R}^{n/3 \times 1}$ bestimmt. Für jeden Voxel wird ein einziger Wert sowohl für die Verschiebungen als auch für die Dehnungen im Schwerpunkt des Voxel berechnet, indem der Mittelwert der Verschiebungen $\varphi_{i,j,R}$ bzw. Dehnungen $\psi_{i,j,R}$ aller acht Knoten eines Voxel berechnet wird. Diese gemittelten Verschiebungen und Dehnungen werden im Folgenden genutzt und als $\bar{\varphi}_{i,j}$ bzw. $\bar{\psi}_{i,j}$ bezeichnet.

Zur Berechnung der Eigenvektoren der Moden wird in der Eigenfrequenzanalyse ein Gleichungssystem gelöst, wodurch die Amplituden der Moden zwar zueinander linear unabhängig sein müssen, allerdings die Höhe der Amplituden einer Mode willkürlich skaliert werden kann. Zur Berücksichtigung des kinetischen Energieinhalts einer Mode in der Höhe derer Amplituden wird deren generalisierte Masse verwendet. Die generalisierte Masse einer Mode beschreibt den auf die Masse der Struktur bezogenen Schwingungsanteil der jeweiligen Mode an der Gesamtschwingung. Durch eine Massennormierung der Eigenvektoren der jeweiligen Mode φ_i

$$\bar{\varphi}_i^T M \bar{\varphi}_i = \mathbf{m}_{\text{gen},i} = \mathbf{1}\,, \quad \mathbf{m}_{\text{gen},i} \in \mathbb{R}\,. \tag{4.2}$$

enthalten sämtliche Eigenvektoren der Modalmatrix den gleichen kinetischen Energieinhalt. Hierfür wird die generalisierte Masse $\mathbf{m}_{\text{gen},i}$ für jede Mode gleich Eins gesetzt. Nach der Massennormierung stehen die Höhen der Amplituden der Moden zueinander in Bezug und können miteinander verrechnet werden.

Bevor vielversprechende Stellen zur überwiegenden Änderung eines einzelnen Eigenwerts durch strukturelle Anpassungen gefunden werden können, müssen zuerst die konstant zu haltenden Eigenwerte betrachtet werden. Zur minimal möglichen Beeinflussung eines Eigenwerts sind Strukturänderungen an und in der Nähe von Schwingungsknoten der zugehörigen Mode durchzuführen [75]. Um Stellen der minimalen Beeinflussung von mehreren Moden zu bestimmen, werden für die sichtbaren Voxel $j \in S$ die betragsmäßigen Verschiebungsamplituden $\bar{\varphi}_i$ dieser Moden aufsummiert und durch das Maximum dieser Summe geteilt

$$g_{u,1,j} = \frac{\sum\limits_{i \in p \backslash k} \bar{\varphi}_{i,j}}{\max \left(\sum\limits_{i \in p \backslash k} \bar{\varphi}_i \right)}, \quad \mathbf{g}_{u,1} \in \mathbb{R}^{v \times 1} \tag{4.3}$$

wobei $g_{u,1,j}$ den prozentualen Schwingungsanteil der konstant zu haltenden Eigenwerte der Menge p zu berücksichtigender Moden repräsentiert. Mit dem Index k bleibt der später zu verändernde Eigenwert in Gleichung 4.3 unberücksichtigt, weil dieser nicht konstant gehalten werden soll. Aufgrund der Massennormierung zeigen Moden mit hoher generalisierter Masse einen geringen Einfluss auf $\mathbf{g}_{u,1}$. Die Verschiebungsamplituden dieser Moden sind klein im Vergleich zu Moden mit geringer generalisierter Masse. Zudem haben bestimmte Moden einen geringen Einfluss auf $\mathbf{g}_{u,1}$, wenn deren Verschiebungsamplituden sich erheblich zu denen der anderen Moden in p unterscheiden. Hohe Werte für $\mathbf{g}_{u,1}$ entstehen an Voxel, wenn an dieser Stelle entweder eine Vielzahl an Moden mit den größten Amplituden der Modalmatrix partizipieren oder viele Moden zusammen eine hohe Schwingungsauslenkung zeigen. Die minimalen Werte von $\mathbf{g}_{u,1}$ kennzeichnen Positionen auf der Struktur, für die eine große Menge der Moden in p kleine Amplituden aufweist. An diesen Stellen führt eine Strukturmodifikation zu einer geringfügigen Beeinflussung der meisten berücksichtigten Moden in p.

$\mathbf{g}_{u,1}$ wird hinsichtlich des Amplitudenverlaufs der Mode des zu verändernden Eigenwerts λ_k bewertet. Dafür werden zuerst die Amplituden des Eigenvektors $\bar{\varphi}_k$ durch den maximalen Amplitudenwert der betragsmäßigen Verschiebungen dieser Mode normiert

$$g_{u,2,j} = \frac{\bar{\varphi}_{k,j}}{\beta_u \max(\bar{\varphi}_k)}, \quad \mathbf{g}_{u,2} \in \mathbb{R}^{v \times 1} \tag{4.4}$$

wobei der Nenner in Gleichung 4.4 mit einem Bestrafungsfaktor $\beta_u \in \mathbb{R}$ skaliert wird. Der Wert von β_u wird vorerst auf Eins gesetzt. $g_{u,2,j}$ wird maximal für einen Voxel mit der größten Schwingungsamplitude und minimal an den Schwingungsknoten der ausgewählten Mode. $g_{u,1,j}$ und $g_{u,2,j}$ beschreiben jeweils räumlich verteilte, prozentuale Schwingungsanteile der Verschiebungsamplituden der betrachteten Moden. Weil für $g_{u,1,j}$ die Minima gesucht werden, um die konstant zu haltenden Eigenwerte geringfügig zu beeinflussen, wird Gleichung 4.4 von Gleichung 4.3 subtrahiert

$$g_{u,j} = g_{u,1,j} - g_{u,2,j} = \frac{\sum\limits_{i \in p \backslash k} w_{i,u} \bar{\varphi}_{i,j}}{\max\left(\sum\limits_{i \in p \backslash k} w_{i,u} \bar{\varphi}_i\right)} - \frac{\bar{\varphi}_{k,j}}{\beta_u \max\left(\bar{\varphi}_k\right)}, \quad \mathbf{g}_u \in \mathbb{R}^{v \times 1} \quad (4.5)$$

wodurch $\mathbf{g}_u$ als Gütefunktion für die Verschiebungsamplituden resultiert, während $g_{u,j}$ die Pseudo-Sensitivitäten für den ausgewählten Eigenwert λ_k beschreibt. Der Auswertebereich der Gütefunktion ist auf die sichtbaren Voxel $j \in S$ beschränkt, um ausschließlich Elemente für die Strukturmodifikation zu identifizieren, welche geometrisch verändert werden können. Für die konstant zu haltenden Eigenwerte werden Gewichtungsfaktoren $w_{i,u}$ eingeführt. Die Gewichtungsfaktoren skalieren die Beteiligung der jeweiligen untergeordneten Mode im Minuenden der Gütefunktion. Weiteres zu den Gewichtungsfaktoren ist dem Abschnitt 4.3.2 zu entnehmen.

Die Minima der Gütefunktion $\mathbf{g}_u$ und damit die niedrigsten Pseudo-Sensitivitäten stellen die bestmöglichen Bereiche dar, um eine ausgewählte Eigenfrequenz durch eine Strukturmodifikation zu verändern. Gleichzeitig werden die meisten Eigenwerte der Menge p am wenigsten beeinflusst. Zum Senken der ausgewählten Eigenfrequenz wird Material an den Bereichen mit den niedrigsten Pseudo-Sensitivitäten angelagert. Für das Anheben der Eigenfrequenz wird Material an den Bereichen entfernt, an denen $\mathbf{g}_u$ minimal ist. Im Gegensatz dazu kennzeichnen die Maxima der Gütefunktion Bereiche, an denen die meisten, untergeordneten Moden zusammen die höchsten Schwingungsanteile aufweisen. An diesen Bereiche werden keine Strukturänderungen für die ausgewählte Mode durchgeführt. Für die Nullstellen der Gütefunktion $\mathbf{g}_u$ sind entweder $g_{u,1,j}$ und $g_{u,2,j}$ an einem Voxel gleich groß, oder sowohl $g_{u,1,j}$ als auch $g_{u,2,j}$ sind annähernd Null. Im ersten Fall haben viele der untergeordneten Moden hohe Amplituden an dem betrachteten Voxel, weshalb dieses Element nicht für eine Materialänderung geeignet ist. Die Vermutung liegt nahe, Voxel zu entfernen, die dem zweiten Fall genügen, da an diesen Voxel $g_{u,1,j}$ als auch $g_{u,2,j}$ keine bis geringe Amplituden aufweisen. Allerdings betrachtet man in $g_{u,1,j}$ die Summe der Amplituden konstant zu haltender Eigenwerte. Moden, die auf $g_{u,1,j}$ weniger Einfluss haben, werden deshalb nur geringfügig durch die Pseudo-Sensitivitäten $g_{u,j}$ repräsentiert. Eine Materialänderung würde höchstwahrscheinlich die Eigenfrequenzen dieser Moden beeinflussen. Deshalb ist generell an

Stellen von einer Strukturänderung abzusehen, die nicht an einem Minimum der Gütefunktion $\mathbf{g}_u$ liegen. Aktuell werden ausschließlich die Verschiebungsamplituden mit der Gütefunktion in Gleichung 4.5 betrachtet. Daher wird eine Verschiebung der ausgewählten Eigenfrequenz entweder durch Materialanlagerung oder durch Materialentfernung in Abhängigkeit zur gewünschten Richtung der Frequenzverschiebung erzielt. Damit ist die zu erreichende Frequenzverschiebung stark abhängig vom veränderbaren Entwurfsraum der Struktur. Als Folge kann die gewählte Frequenz nicht stärker beeinflusst werden und das Ziel des Optimierungsproblems nicht erreicht werden. Es wird eine weitere Gütefunktion gefordert, welche in Kombination mit der ersten Gütefunktion in Gleichung 4.5 das simultane Anlagern und Entfernen von Material zur Verschiebung einer Frequenz in eine ausgewählte Richtung ermöglicht. Für die zweite Gütefunktion wird sich der betragsmäßig maximalen Hauptdehnung ε einer jeden Mode pro Voxel bedient. Äquivalent zu den betragsmäßigen Verschiebungsamplituden gibt die betragsmäßig maximale Hauptdehnung die richtungsunabhängig größte Dehnung an einem Voxel an. Mit den Hauptdehnungen wird der Einfluss einer Materialänderung auf die Variation der potentiellen Energie in der zweiten Gütefunktion abgeschätzt. Hierfür wird erneut angenommen, dass die maximalen Amplituden der betragsmäßig maximalen Hauptdehnungen einer Mode den größten Einfluss einer Strukturmodifikation auf die zugehörige Frequenz kennzeichnen. Für einen sichtbaren Voxel j folgt die Berechnung seiner Pseudo-Sensitivität anhand der Hauptdehnungen

$$
g_{\varepsilon,j} = \frac{\sum\limits_{i \in p \backslash k} w_{i,\varepsilon} \bar{\psi}_{i,j}}{\max \left(\sum\limits_{i \in p \backslash k} w_{i,\varepsilon} \bar{\psi}_i \right)} - \frac{\bar{\psi}_{k,j}}{\beta_{\varepsilon} \max \left(\bar{\psi}_k \right)}, \quad \mathbf{g}_{\varepsilon} \in \mathbb{R}^{v \times 1} \tag{4.6}
$$

für die zweite Gütefunktion $\mathbf{g}_{\varepsilon}$ mit dem Bestrafungsfaktor $\beta_{\varepsilon} \in \mathbb{R}$. β_{ε} wird vorerst mit einem Wert von Eins belegt. In $\mathbf{g}_{\varepsilon}$ werden die Eigenvektoren durch $\bar{\psi}_i$ zur Verwendung der betragsmäßig maximalen Hauptdehnung ε eines Voxel gekennzeichnet. Die Aussagen über die Pseudo-Sensitivitäten der Gütefunktion der Verschiebungsamplituden sind vollständig auf die Gütefunktion in Gleichung 4.6 übertragbar, jedoch wird die Frequenzänderung als reziprok zur beschriebenen Strukturmodifikation angenommen.

In Abbildung 4.1 sind die beiden Gütefunktionen $\mathbf{g}_u$ und $\mathbf{g}_{\varepsilon}$ für einen analytisch berechneten frei-frei gelagerten Bernoulli-Balken, bestehend aus 1500 Voxel willkürlicher Elementkantenlänge, abgebildet. Der Eigenvektor der Mode zwei wird als $\bar{\varphi}_{k,j}$ in Gleichung 4.5 und als $\bar{\psi}_{k,j}$ in Gleichung 4.6 für eine maximal autarke

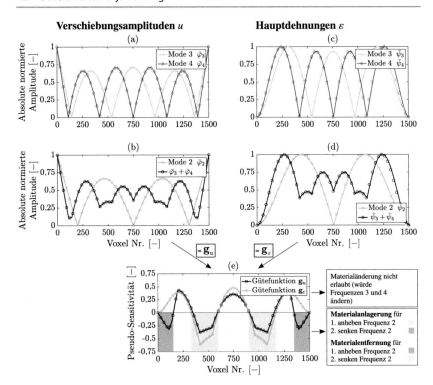

Abb. 4.1 Nachgedruckt und übersetzt mit Genehmigung von [80] ©SAE International.
a Verschiebungen der Moden 3 und 4. **b** Verschiebungen der Mode 2. Summe der Verschiebungen von Mode 3 und 4. **c** Maximale Hauptdehnungen der Moden 3 und 4. **d** Maximale
Hauptdehnungen der Mode 2. Summe der maximalen Hauptdehnungen von Mode 3 und 4.
e Gütefunktionen

Eigenfrequenzverschiebung der zweiten Eigenfrequenz ausgewählt. Gleichzeitig
werden die Moden drei und vier in den Minuenden der Gütefunktionen berücksichtigt, um deren Eigenwerte maximal geringfügig zu beeinflussen. In diesem Beispiel
wird der Einfluss der generalisierten Massen der Einfachheit halber vernachlässigt,
indem die Amplituden der Moden zwei bis vier vor der Berechnung auf deren Maximalwert normiert werden. Damit beträgt die maximale Amplitude der Moden zwei
bis vier jeweils einen Wert von Eins. Aus der Darstellung lassen sich Voxel mit den
niedrigsten Pseudo-Sensitivitäten für beide Gütefunktionen bestimmen. An diesen
Stellen führt eine Strukturmodifikation zur maximal möglichen Änderung der zwei-

ten Eigenfrequenz in die gewünschte Richtung, während die Eigenwerte drei und vier annähernd konstant gehalten werden. [80]

Aktuell liegen für jeden Voxel zwei Pseudo-Sensitivitäten $g_{u,j}$ und $g_{\varepsilon,j}$ vor. Eine direkte Kombination der Gütefunktionen erscheint nicht sinnvoll, da diese auf zwei unterschiedlichen physikalischen Größen basieren. Insofern sich die Positionen der Minima von $g_{u,j}$ und $g_{\varepsilon,j}$ erheblich unterscheiden, liegt kein Problem bei der Strukturmodifikation vor. Die geforderte Menge zu verändernder Voxel würde an den Stellen der niedrigsten Pseudo-Sensitivitäten der beiden Gütefunktionen gleichzeitig stattfinden können. Jedoch zeigen Publikationen [80, 140] und auch Abbildung 4.1, dass hohe negative Pseudo-Sensitivitäten für $\mathbf{g}_u$ und $\mathbf{g}_\varepsilon$ an ähnlichen Stellen auf der Struktur vorliegen können. Besonders für geometrisch einfache Bauteile, wie einem Bernoulli-Balken oder einer Kirchhoff-Love-Platte, können die Verschiebungs- und Dehnungsamplituden von Biegemoden sehr ähnlich zueinander sein [80, 140]. Eine unabhängige Bestimmung der Pseudo-Sensitivitäten führt bei bestimmten Voxel zu einem Widerspruch: Während die eine Gütefunktion das Anlagern von weiteren Voxel an diesen Voxel vorsieht, fordert die andere Gütefunktion das Entfernen dieser Voxel.

Eine weitere, mögliche Kombination ist die Identifikation von Stellen auf der Struktur, an denen die Differenz zwischen potentieller und kinetischer Energie für die Mode der zu verschiebenden Frequenz maximal wird [75]. Allerdings werden die konstant zu haltenden Eigenwerte bei dieser Betrachtung nicht berücksichtigt.

Eine weitere Möglichkeit liefern die Gütefunktionen $\mathbf{g}_u$ und $\mathbf{g}_\varepsilon$ selbst, indem die Gütefunktion mit der größeren negativen Pseudo-Sensitivität eines Voxel die Richtung der Eigenfrequenzverschiebung des ausgewählten Eigenwerts durch eine Strukturmodifikation bestimmt. In Abbildung 4.1 zeigt Gütefunktion $\mathbf{g}_\varepsilon$ beispielhaft für Voxel Nr. 500 größere negative Pseudo-Sensitivitäten als Gütefunktion $\mathbf{g}_u$. Ein Anheben der zweiten Frequenz durch eine Materialanlagerung am 500. Voxel und eine Senkung des zweiten Eigenwerts durch das Entfernen dieses 500. Voxel wird angenommen. Ein Nachteil dieses Vorgehens ist, dass ausschließlich eine physikalische Größe für die Änderung des ausgewählten Eigenwerts verwendet wird, sobald die negativen Pseudo-Sensitivitäten der einen Gütefunktion stets kleiner als die Pseudo-Sensitivitäten der anderen Gütefunktion sind. Es ergeben sich daraus zwei Probleme: Zum einen wird erneut nur eine Gütefunktion für die Identifikation zu verändernder Voxel verwendet, weshalb eine große Frequenzänderung des ausgewählten Eigenwerts infolge des endlichen veränderbaren Entwurfsraums vermutlich nicht erreicht werden kann. Zum anderen kann die Verwendung ausschließlich einer Gütefunktion stets zur Materialanlagerung führen, wodurch die Zielfunktion der Massenreduktion im gesamten Optimierungsprozess nicht verbessert wird.

Aus den genannten Gründen wird eine dritte Möglichkeit betrachtet und gewählt, wofür die Gütefunktionen nacheinander evaluiert und nicht miteinander verglichen werden. Zuerst wird diejenige Gütefunktion verwendet, die sichtbare Voxel zum Entfernen identifiziert, um die ausgewählte Eigenfrequenz in die gewünschte Richtung zu verschieben. Eine festzulegende Teilmenge $\tilde{v}_{ent}$ der zu verändernden Menge $\tilde{v}$ dieser identifizierten Voxel wird für weitere Berechnungen gesperrt. Anhand der sichtbaren, nicht-gesperrten Voxel wird die andere Gütefunktion ausgeführt, um eine Anzahl $\tilde{v}_{anl}$ an Voxel mit den niedrigsten Pseudo-Sensitivitäten zur Materialanlagerung für die Verschiebung der ausgewählten Frequenz zu bestimmen. Mit diesem Vorgehen wird die Massenreduktion des Optimierungsproblems begünstigt, indem vorrangig Voxel zur Materialentfernung gekennzeichnet und anschließend Voxel zur Materialanlagerung auf Basis einer geringen Anzahl an sichtbaren Voxel identifiziert werden.

4.3 Generierung eines evolutionären Lösungsverfahrens

Bisher liefern die Gütefunktionen ausschließlich vielversprechende Bereiche zur überwiegenden Beeinflussung eines ausgewählten Eigenwerts. Hingegen fehlt ein Lösungsverfahren, um die Bestimmung der Pseudo-Sensitivitäten zur Verschiebung einer ausgewählten Eigenfrequenz an das zu lösende Optimierungsproblem in Gleichung 4.1 zu koppeln und mit dem Optimierungsprozess von LEOPARD in Abbildung 3.4 zu vereinen. Es ist bereits ein Lösungsverfahren zur Verwendung der Gütefunktionen publiziert worden [140]. In diesem Lösungsverfahren werden vier Prozessschritte in jeder Optimierungsiteration nach dem Einsetzen der Verschiebungs- und Dehnungsamplituden in die Gütefunktionen durchgeführt:

1. Konditionierung der Gütefunktionen: Verknüpfung der Gütefunktionen an den veränderbaren Entwurfsraum der aktuellen Struktur.
2. Ansatz zur Berücksichtigung der Modenähnlichkeiten: Gewichtung der konstant zu haltenden Eigenwerte in den Gütefunktionen für die sichtbaren Voxel sowie der Modenverfolgung im Optimierungsverlauf.
3. Ansatz zur Evaluierung kritischer Frequenzen: Anwendung der zwei Gütefunktionen auf die zu verschiebenden Frequenzen des Optimierungsproblems.
4. Kopplung an Systemantwort: Einführung einer Schrittweitensteuerung zur Variation der Menge zu verändernder Voxel.

Die Prozessschritte werden kapitelweise im Folgenden erläutert. Zum Verständnis der ersten drei Prozessschritte wird zu Beginn eine konstante Menge sichtbarer, zu verändernder Voxel $\tilde{v}$ festgelegt. Diese Menge wird, analog zum SERA-Ansatz, in eine Menge zu entfernender Voxel $\tilde{v}_{ent}$ (Reduktionswert) und eine Menge anzulagernder Voxel $\tilde{v}_{anl}$ (Korrekturwert) für die beiden Gütefunktionen aufgeteilt. Hierfür wird $\tilde{v}_{ent}$ größer als $\tilde{v}_{anl}$ gewählt, um mehr Voxel für das Entfernen als zum Anlagern zu identifizieren und die Zielfunktion des Optimierungsproblems zu minimieren. In Kapitel vier wird die Variation der Anzahl zu verändernder Voxel $\tilde{v}$ mit der Schrittweitensteuerung dargestellt. Das Lösungsverfahren wird im Optimierungsprozess anstatt der ursprünglichen Schrittweitensteuerung von LEOPARD verwendet; siehe Abbildung 3.4.

4.3.1 Konditionierung der Gütefunktionen

Aktuell sind die Gütefunktionen nicht an die Menge zu verändernder Voxel gekoppelt. Die Berechnung der Gütefunktionen basiert ausschließlich auf der Menge an sichtbaren Voxel. Es ergeben sich zwei Probleme, die im Optimierungsverlauf entstehen können.

Das erste Problem liegt aufgrund des eingeschränkten Auswertebereichs der Gütefunktionen auf sichtbare Voxel vor. Besonders geometrisch aufwendige Strukturen können nur sehr wenige sichtbare Voxel während des Optimierungsverlaufs aufweisen [96]. Es besteht die Möglichkeit, dass die Mode des zu verändernden Eigenwerts nur für sehr wenige sichtbare Voxel hohe Amplitudenwerte zeigt. Zugleich ist der Voxel mit dem höchsten Amplitudenwert aller Voxel für die Mode der zu verändernder Frequenz sichtbar. In diesem Fall führt die Normierung des Subtrahenden der Gütefunktionen mit dem Maximalwert der Modenamplituden des zu ändernden Eigenwerts zu sehr kleinen Werten für $\mathbf{g}_{u,2}$ bzw. $\mathbf{g}_{\varepsilon,2}$ für die sichtbaren Voxel; siehe Abbildung 4.2. Es resultieren sichtbare Voxel mit fast ausschließlich hohen Pseudo-Sensitivitäten im Vergleich zur Auswertung der Gütefunktion auf den gesamten Entwurfsraum. Nach Abschnitt 4.2 führt eine Veränderung dieser identifizierten Voxel unweigerlich zu einer größeren Änderung der konstant zu haltenden Eigenwerte.

Im zweiten Problemfall liegen zwar viele sichtbare Voxel vor, aber ausschließlich einzelne, sichtbare Voxel zeigen hohe Amplituden der Mode der zu verschiebenden Frequenz, während die Amplitudenwerte dieser Mode für die anderen sichtbaren Voxel klein sind. Als Folge sind die Werte des Subtrahenden der Gütefunktionen $\mathbf{g}_{u,2}$ bzw. $\mathbf{g}_{\varepsilon,2}$ sehr klein und der Einfluss dieser Terme auf die jeweilige Gütefunktion wird erheblich reduziert. Dadurch nehmen die Pseudo-Sensitivitäten über der Struktur ähnliche Werte wie der Minuend der jeweiligen Gütefunktion $\mathbf{g}_{u,1}$ bzw. $\mathbf{g}_{\varepsilon,1}$ an; siehe Abbildung 4.3. Infolge der Normierung des Subtrahenden der Güte-

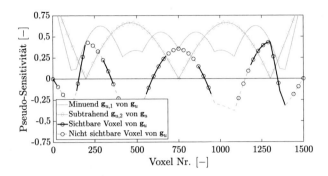

Abb. 4.2 Einfluss der Normierung des Subtrahenden mit der maximalen Verschiebungsamplitude der sichtbaren Voxel auf die Pseudo-Sensitivitäten der Gütefunktion g_u

funktionen ist demzufolge der Einfluss des zu verschiebenden Eigenwerts auf die Pseudo-Sensitivitäten gering. Die niedrigsten Pseudo-Sensitivitäten kennzeichnen dadurch eher Bereiche zur geringfügigen Beeinflussung der konstant zu haltenden Eigenwerte als gleichzeitig vielversprechende Bereiche zur Verschiebung der ausgewählten Frequenz. Im Folgenden wird eine Bedingung zur Skalierung des Maximalwerts der Mode des zu verändernden Eigenwerts in Abhängigkeit zur geforderten Menge zu modifizierender Voxel hergeleitet.

Um den Einfluss des zu ändernden Eigenwerts auf die Gütefunktionen in Abhängigkeit zur geforderten Menge zu verändernder Voxel zu regulieren, wird ein Grenzwert für die Pseudo-Sensitivitäten definiert. Voxel mit Pseudo-Sensitivitäten kleiner als dieser Grenzwert werden für LEOPARD zur Strukturmodifikation freigegeben. Ein möglicher Grenzwert ist das Minimum der aufsummierten Amplituden der Moden der konstant zu haltenden Eigenwerte

$$g_{u,j} < \min\left(\mathbf{g}_{u,1}\right) \quad \text{bzw.} \quad g_{\varepsilon,j} < \min\left(\mathbf{g}_{\varepsilon,1}\right) \qquad (4.7)$$

wodurch ein Voxel verändert wird, wenn dessen Pseudo-Sensitivität $g_{u,j}$ bzw. $g_{\varepsilon,j}$ kleiner als dieses Minimum ist. Der Grenzwert erscheint sinnvoll, da das Minimum des Minuenden $\mathbf{g}_{u,1}$ bzw. $\mathbf{g}_{\varepsilon,1}$ unabhängig von der Anzahl an untergeordneten Eigenwerten im Optimierungsproblem die kleinste Beeinflussung von deren Frequenzen kennzeichnet und eine Strukturänderung vorrangig an diesen Stellen durchgeführt werden sollte. Mit der Ungleichheits-Bedingung in Gleichung 4.7 muss ein Voxel höhere Modenamplituden des ausgewählten Eigenwerts an den minimalen Stellen von $\mathbf{g}_{u,1}$ bzw. $\mathbf{g}_{\varepsilon,1}$ für eine Strukturmodifikation aufweisen. Die Modifikation dieses

Voxel hat damit einen geringen Einfluss auf die konstant zu haltenden Eigenwerte, während gleichzeitig die zu verschiebende Frequenz beeinflusst wird.

Damit eine geforderte Menge zu verändernder Voxel kleinere Pseudo-Sensitivitäten als der definierte Grenzwert in Gleichung 4.7 aufweisen, werden die Bestrafungsfaktoren β_u und β_ε in den Gütefunktionen genutzt. Am Beispiel der Gütefunktion in Gleichung 4.5 wird der Bestrafungsfaktor β_u bestimmt. Die Herleitung und das Vorgehen ist ebenso gültig für β_ε in g_ε.

Setzt man die Bedingung in Gleichung 4.7 in die Gütefunktion in Gleichung 4.5 ein

$$\frac{\sum\limits_{i \in p \backslash k} w_{i,u} \bar{\varphi}_{i,j}}{\max\left(\sum\limits_{i \in p \backslash k} w_{i,u} \bar{\varphi}_i\right)} - \frac{\bar{\varphi}_{k,j}}{\beta_u \max\left(\bar{\varphi}_k\right)} \leq \min\left(\mathbf{g}_{u,1}\right) \tag{4.8}$$

und formt nach dem zu verändernden Eigenwert um, folgt

$$\frac{\bar{\varphi}_{k,j}}{\beta_u \max\left(\bar{\varphi}_k\right)} \geq \frac{\sum\limits_{i \in p \backslash k} w_{i,u} \bar{\varphi}_{i,j}}{\max\left(\sum\limits_{i \in p \backslash k} w_{i,u} \bar{\varphi}_i\right)} - \min\left(\mathbf{g}_{u,1}\right) = \mathbf{R}_u \tag{4.9}$$

wobei $\mathbf{R}_u$ mit $\min(\mathbf{R}_u) = 0$ die reduzierte Summe von $\mathbf{g}_{u,1}$ der konstant zu haltenden Eigenwerte beschreibt. Durch Umformen erhält man einen Ausdruck für die Bestrafungsfaktoren

$$\beta_u \leq \frac{\bar{\varphi}_{k,j}}{\max\left(\bar{\varphi}_k\right)\mathbf{R}_u} \;,\quad \beta_\varepsilon \leq \frac{\bar{\psi}_{k,j}}{\max\left(\bar{\psi}_k\right)\mathbf{R}_\varepsilon} \;. \tag{4.10}$$

wobei $\mathbf{R}_\varepsilon$ die reduzierte Summe von $g_{\varepsilon,1}$ für die Dehnungen repräsentiert.

Eine Berechnung der Bestrafungsfaktoren in Gleichung 4.10 setzt voraus, dass der Einfluss der ausgewählten Frequenz in der Gütefunktion linear ist. Allerdings ist dieser Einfluss abhängig vom Verhältnis zwischen den Modenamplituden des ausgewählten Eigenwerts und der Summe der Modenamplituden der konstant zu haltenden Eigenwerte am jeweiligen Voxel. Die alleinige Berechnung der Bestrafungsfaktoren erscheint nicht möglich zu sein. Es wird der folgende Lösungsweg vorgeschlagen: Man bestimmt einen „kritischen" Voxel der zu verändernden Menge $\tilde{v}$, welcher die größte Pseudo-Sensitivität in dieser Menge hat und gerade noch die Bedingung in Gleichung 4.7 erfüllt. Zur Bestimmung dieses kritischen Voxel wird zuerst der lokale Schwingungsanteil $\mathbf{g}_{u,2}$ des ausgewählten Eigenwerts mit einem

Bestrafungsfaktor von Eins in Gleichung 4.4 berechnet. Anschließend wird die reduzierte Summe $\mathbf{R}_u$ bestimmt. Die reduzierte Summe $\mathbf{R}_u$ wird für jeden Voxel durch
$\mathbf{g}_{u,1}$ dividiert. Der Bestrafungsfaktor stellt in diesem Verhältnis von $\mathbf{g}_{u,1}$ zu $\mathbf{R}_u$ eine
lineare Skalierung dar. Demzufolge ist der Wert des Bestrafungsfaktor vernachläs-
sigbar. Die Menge $\tilde{v}$ zu verändernder Voxel mit den kleinsten resultierenden Werten
des Verhältnisses wird ausgewählt. Der Voxel aus dieser Menge mit dem größten
Wert ist der gesuchte, kritische Voxel und wird in Gleichung 4.10 zur Berechnung
des Bestrafungsfaktors β_u eingesetzt. Durch das Einsetzen des Bestrafungsfaktors
in die Gütefunktion g_u entstehen ausschließlich Voxel der Menge $\tilde{v}$ deren Pseudo-
Sensitivitäten die Bedingung in Gleichung 4.7 erfüllen; siehe Abbildung 4.3.

   Wenn die Menge zu verändernder Voxel ausreichend groß ist, werden sichtbare Voxel durch die Gütefunktionen identifiziert, welche hohe Amplituden für die
ausgewählte Mode und gleichzeitig geringe Amplituden für die Moden konstant zu
haltender Eigenwerte aufweisen. Hingegen ist der Grenzwert in Gleichung 4.7 nicht
geeignet, insofern eine kleine Menge an Voxel zu verändern ist oder neben der zu
verschiebenden Frequenz ausschließlich ein einziger konstant zu haltender Eigenwert berücksichtigt wird. In diesem Fall wird Material vorrangig an den kleinsten
Amplituden der Mode des konstant zu haltenden Eigenwerts durchgeführt, da bereits
kleine Amplituden der Mode der zu verschiebenden Frequenz zur Reduktion der
minimalen Amplituden von $\mathbf{g}_{u,1}$ führen. Nach einer Skalierung der Gütefunktionen
durch den Bestrafungsfaktor ist die Bedingung $g_{u,j} < \min\left(\mathbf{g}_{u,1}\right)$ für eine geforderte

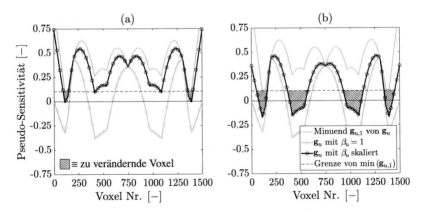

Abb. 4.3 Konditionierung der Gütefunktion g_u mit β_u zur Identifikation der geforderten
Menge zu verändernder Voxel $\tilde{v}$, welche $g_{u,j} < \min\left(\mathbf{g}_{u,1}\right)$ erfüllen. **a** $\beta_u = 3.8774$ für
$\tilde{v} = 100$ Voxel. **b** $\beta_u = 1.5641$ für $\tilde{v} = 500$ Voxel

kleine Menge zu verändernder Voxel bereits erfüllt. Eine Strukturmodifikation dieser Voxel verändert geringfügig die konstant zu haltende Eigenfrequenz, allerdings auch wenig die zu verschiebende Frequenz. Daher wird vor der Skalierung der Gütefunktionen geprüft, ob bereits für $\beta_u = 1$ bzw. $\beta_\varepsilon = 1$ die geforderte Menge $\tilde{v}$ zu verändernder Voxel mit Pseudo-Sensitivitäten existiert, die den Grenzwert in Gleichung 4.7 erfüllen. Ausschließlich wenn zu wenig Voxel mit Pseudo-Sensitivitäten kleiner als die Schranke in Gleichung 4.7 vorliegen, werden die Bestrafungsfaktoren angepasst und zur Skalierung der jeweiligen Gütefunktion verwendet.

Eine weitere Methode zur Konditionierung der Gütefunktionen wird an dieser Stelle eingeführt. Bisher sind die Pseudo-Sensitivitäten der Gütefunktionen abhängig von der Feinheit des strukturierten Rechengitters und damit von der Größe der gewählten Elementkantenlängen. Damit sind der Optimierungsverlauf und die optimierte Struktur abhängig zur angestrebten Genauigkeit in der Bestimmung der dynamischen Systemantwort. Ein Sensitivitätsfilter ist zur Vermeidung dieser Abhängigkeit in diversen Publikationen entwickelt und angewendet worden [119, 121, 146]. Mit der Anwendung dieses Sensitivitätsfilters werden die Pseudo-Sensitivitäten der jeweiligen Gütefunktion an jedem Voxel geometrisch gemittelt und ergeben die gemittelten Pseudo-Sensitivitäten $\bar{g}_u$ bzw. $\bar{g}_\varepsilon$, auf deren Basis die Struktur modifiziert wird; siehe Anhang Kapitel B.1 im elektronischen Zusatzmaterial. Der Sensitivitätsfilter wird in Abhängigkeit zur Elementkantenlänge der Voxel festgelegt. Als Standardwert wird ein Filterradius von $\sqrt{2}$, multipliziert mit der Elementkantenlänge, vorgeschrieben, um die Sensitivität eines Voxel im dreidimensionalen Raum auf die Voxel in dessen Moore-Nachbarschaft zu projizieren [119]. Die Anwendung des Sensitivitätsfilters bewirkt, dass an Bereichen mit hoher negativer Pseudo-Sensitivität zusätzlich Material verändert wird. Nach Anwendung des Filters sind die zu verändernden Voxel der Menge $\tilde{v}$ auf Basis der Voxel mit den niedrigsten Pseudo-Sensitivitäten erneut zu bestimmen.

Mit der Applikation des Filters finden Strukturmodifikationen vermehrt auch an Voxel benachbart zu Voxel mit den niedrigsten Pseudo-Sensitivitäten statt. Durch den Sensitivitätsfilter werden weniger Voxel nur vereinzelt sondern mehr im Verbund angelagert bzw. entfernt. Aufgrund des Sensitivitätsfilters und den heuristischen Fertigungsmethoden von LEOPARD wird die zu modifizierende Struktur nicht zwangsläufig an den niedrigsten Pseudo-Sensitivitäten der Gütefunktionen modifiziert. Als Folge werden bestimmte konstant zu haltende Eigenfrequenzen durch die Strukturanpassung mit LEOPARD größer beeinflusst [140]. Im nächsten Kapitel wird deshalb eine Auswahl zu berücksichtigender, untergeordneter Moden für die Gütefunktionen getroffen. Mit dieser Auswahl wird die Identifikation von Voxel weiter auf den Aspekt konzentriert, konstant zu haltende Eigenwerte wenig zu beeinflussen.

4.3.2 Ansatz zur Berücksichtigung der Modenähnlichkeiten

Der Einfluss einer Strukturänderung auf die Frequenzänderung der untergeordneten Eigenwerte ist abhängig von der Anzahl an Moden im Minuenden der Gütefunktionen [140]. Umso mehr Moden im Minuenden der Gütefunktionen berücksichtigt werden, desto weniger nehmen vereinzelnde Amplituden von konstant zu haltenden Eigenwerten Einfluss auf die Pseudo-Sensitivitäten der jeweiligen Gütefunktion. Schließlich steht dem Optimierungswerkzeug LEOPARD nur ein Teil des gesamten Entwurfsraums in Form der sichtbaren Voxel für eine Strukturmodifikation zur Verfügung. Für die Freiheitsgrade der sichtbaren Voxel sind die Eigenvektoren der Modalmatrix nicht länger linear unabhängig voneinander. Bestimmte untergeordnete Moden weisen hohe Amplituden an ähnlichen Stellen wie die Mode des zu verändernden Eigenwerts auf. An diesen Strukturbereichen soll keine Strukturänderung stattfinden, damit nicht mehr als die zu verschiebende Frequenz beeinflusst wird. Daher müssen die, zur ausgewählten Mode, ähnlichen untergeordneten Moden mehr als andere Moden in den Gütefunktionen berücksichtigt werden. Dieses Vorgehen ähnelt dem Lagrange-Ansatz in Gleichung 3.4, indem die Variation der Entwurfsvariablen an die lineare Abhängigkeit der berücksichtigten Eigenmoden geknüpft wird. Allerdings ist mit dem vorgeschlagenen Ansatz, entgegen des Lagrange-Ansatzes, die Berücksichtigung der Modenähnlichkeit unabhängig von der Zulässigkeit der Nebenbedingung. Dadurch werden auch zulässige, konstant zu haltende Eigenwerte weiterhin im Minuenden der Gütefunktionen berücksichtigt, sobald deren Moden eine hohe Ähnlichkeit zur Mode des zu variierenden Eigenwerts besitzen.

Aktuell haben die Moden mit den niedrigsten generalisierten Massen den höchsten Einfluss auf den Minuenden der Gütefunktionen [80]. Jedoch können diese Moden an nur wenigen Bereichen auf der Struktur gleichzeitig hohe Amplituden wie die Mode des zu variierenden Eigenwerts aufweisen. Umso mehr von diesen Moden im Minuenden berücksichtigt werden, desto geringer werden die Werte des Minuenden der Gütefunktionen im Bereich der maximalen Amplituden der Mode des zu verschiebenden Eigenwerts. Die Modenamplituden des zu variierenden Eigenwerts kann an diesen Stellen $g_{u,1}$ erheblich reduzieren, weshalb sehr niedrige Pseudo-Sensitivitäten überwiegend an den maximalen Amplituden der Mode der zu verschiebenden Frequenz entstehen. Der Einfluss des Minuenden auf die Bestimmung niedrigsten Pseudo-Sensitivitäten nimmt ab, wodurch kaum noch eine Stelle zur minimalen Beeinflussung der konstant zu haltenden Eigenwerte gefunden wird. Aus diesem Grund ist die Berücksichtigung von konstant zu haltenden Eigenwerten im Minuenden der Gütefunktionen nur sinnvoll, wenn deren Mode hohe Amplituden an ähnlichen Bereichen wie die ausgewählte Mode hat und damit eine lokale Ähnlichkeit zur ausgewählten Mode an vielversprechenden, zu modifizierenden Bereichen aufweist. Für die Berechnung der Modenähnlichkeit wird sich dem Modal Assurance Criterion (MAC)

$$\Xi = \left(\frac{\left| \varphi_{i_1}^{*(z)} \varphi_{i_2}^{(z)} \right|}{\left\| \varphi_{i_1}^{(z)} \right\|_2 \left\| \varphi_{i_2}^{(z)} \right\|_2} \right), \quad \Xi \in \mathbb{R}^{n \times n} \tag{4.11}$$

für den Vergleich von zwei Moden φ_{i_1} und φ_{i_2} für die aktuelle Optimierungsiteration z bedient, mit $\varphi_{i_1}^*$ als adjungierter Eigenvektor von φ_{i_1} [154, 155]. MAC beschreibt die lineare Abhängigkeit von zwei Moden, wobei der Wertebereich von MAC zwischen Null und Eins liegt. Für einen MAC-Wert von $\Xi = 0,9$ oder größer werden die verglichenen Moden als gleich angenommen [155]. Mit absteigendem MAC-Wert sinkt die lineare Abhängigkeit der Moden φ_{i_1} und φ_{i_2}.

Die Amplituden jeder Mode werden mit sich selbst und mit den Amplituden der anderen Moden der Modalmatrix anhand MAC verglichen; siehe Abbildung 4.4. Der Vergleich mit sich selbst ergibt einen MAC-Wert von Eins. Der Kreuzvergleich zwischen zwei unterschiedlichen Moden resultiert in einem MAC-Wert von Null. Zur Bestimmung der lokalen Ähnlichkeit der Moden wird MAC in Gleichung 4.11 anhand von (ausgewählten) sichtbaren Voxel bestimmt. Die Kreuzvergleiche der Moden ergeben jetzt MAC-Werte größer als Null, aber kleiner als Eins. Eine Strukturmodifikation findet bevorzugt an den maximalen Amplituden der Mode von λ_k statt. Aus diesem Grund wird für den Auswertebereich von MAC die Menge v sichtbarer Voxel mit den größten Amplitudenwerten der Mode von λ_k ausgewählt. Anschließend werden zwei Matrizen bestehend aus MAC-Werten berechnet: Für die erste Matrix werden die MAC-Werte basierend auf den betragsmäßigen Verschiebungsamplituden $\bar{\varphi}_i$ berechnet. Für die zweite Matrix werden die betragsmäßig maximalen Hauptdehnungen der Moden $\bar{\psi}_i$ zur Berechnung der MAC-Werte genutzt. Auf Basis der ersten Matrix werden die Gewichtungsfaktoren der Gütefunktion in Gleichung 4.5 angepasst. Mit der zweiten MAC-Matrix werden die Gewichtungsfaktoren der zweiten Gütefunktion in Gleichung 4.6 eingestellt.

Zwei Moden mit einem MAC-Wert kleiner als 0,6 werden in der vorliegenden Arbeit als verschieden angesehen [155]. Mit der Definition einer Grenze von $\Xi_{grenz} = 0,6$ werden in der Gütefunktion in Gleichung 4.5 nur Moden in $\mathbf{g}_{u,1}$ berücksichtigt, wenn diese mindestens einen MAC-Wert von 0,6 im Vergleich mit der Mode des zu verändernden Eigenwerts aufweisen. Die Gewichtungsfaktoren $w_{i,u}$ dieser Moden werden größer als Null gewählt. Für alle übrigen Moden des Minuenden wird der zugehörige Gewichtungsfaktor zu Null gesetzt. Das Vorgehen wird auch auf die Gütefunktion in Gleichung 4.6 angewendet, wobei die Matrix mit MAC-Werte basierend auf den betragsmäßig maximalen Hauptdehnungen zur

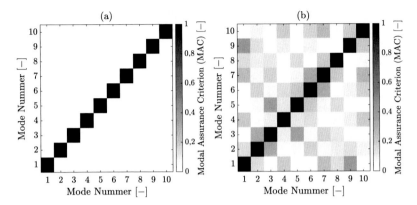

Abb. 4.4 Modal Assurance Criterion (MAC) für die Visualisierung der linearen Abhängigkeit von zehn Moden. **a** Alle Freiheitsgrade einer Modalmatrix berücksichtigt. **b** Freiheitsgrade von sichtbaren Voxel einer Modalmatrix berücksichtigt

Anpassung der Gewichtungsfaktoren verwendet wird. In der Gütefunktion in Gleichung 4.6 sind ausschließlich die Gewichtungsfaktoren $w_{i,\varepsilon}$ von Moden ungleich Null, wenn deren MAC-Werte im Vergleich mit der Mode des zu variierenden Eigenwerts auf Basis der Hauptdehnungen größer als 0,6 sind.

Die Gewichtungsfaktoren $w_{i,u}$ und $w_{i,\varepsilon}$ von konstant zu haltenden Eigenwerten mit einem MAC-Wert größer als 0,6 können aktuell frei gewählt werden. Mit ansteigendem Gewichtungsfaktor nimmt der Einfluss der zugehörigen Mode im Minuenden der jeweiligen Gütefunktion zu. Dadurch werden die lokalen Maxima der Gütefunktion in die Richtung der größten Amplituden dieser skalierten Mode verschoben. Strukturelle Anpassungen an den höchsten Amplituden dieser Mode werden unwahrscheinlicher, da die Mode des zu verschiebenden Eigenwerts und damit der Subtrahend der Gütefunktion nicht verändert wird. Damit muss eine Mode, mit teils gleich hohen Amplituden wie die ausgewählte Mode, mit einem hohen Gewichtungsfaktor skaliert werden, um dessen Eigenfrequenz durch Strukturanpassungen nicht zu stark zu verändern. Allerdings steht die Massennormierung der Moden und damit die Skalierung der Höhen der Amplituden der Moden in keinem Verhältnis zu den eingeführten Gewichtungsfaktoren der Gütefunktionen. Aus diesem Grund werden die Gewichtungsfaktoren in der vorliegenden Arbeit ausschließlich auf Eins gesetzt, wenn die zugehörige Mode des konstant zu haltenden Eigenwerts einen MAC-Wert größer als 0,6 zur Mode des zu verschiebenden Eigenwerts aufweist.

Abschließend kann die Identifikation der Ähnlichkeit von Moden durch MAC nicht nur für die Gütefunktionen, sondern auch für das Verfolgen der Frequenzänderung der Moden nach erfolgter Strukturmodifikation appliziert werden [73, 154]. Infolge der Änderung der Struktur kann sich die Reihenfolge der Frequenzen im Optimierungsverlauf ändern, wodurch eine falsche Zuordnung der Eigenwerte zur Mode der originären Struktur erfolgt, insofern die Moden ausschließlich nach Frequenzen aufsteigend nummeriert werden. Mit Hilfe des MAC in Gleichung 4.11 werden, durch Substitution von $\varphi_c^{(z)}$ zu $\varphi_c^{(z-1)}$, die Verschiebungsamplituden der Moden φ_b der aktuellen Iteration z mit den Verschiebungsamplituden der Moden φ_c der vorherigen Iteration $z - 1$ verglichen. Hierfür werden alle drei translatorischen, räumlichen Freiheitsgrade des Eigenvektors jedes zur Iteration z und $z-1$ vorhandenen Voxel genutzt. Der Eigenwert der vorherigen Iteration $z - 1$ wird einem Eigenwert der aktuellen Iteration z zugeordnet, wenn der Vergleich von deren Moden eine Ähnlichkeit von $\Xi > 0,8$ aufweist. Liegen zwei oder mehr Eigenwerte der vorherigen Iteration mit einem MAC-Wert größer als 0,8 vor, wird derjenige Eigenwert mit dem größeren MAC-Wert dem Eigenwert der aktuellen Iteration zugewiesen. Die Optimierung wird abgebrochen, wenn mindestens ein Eigenwert keinen MAC-Wert größer als 0,8 erreichen kann.

Für das Verfolgen der Moden auf Basis von MAC wird angenommen, dass eine kleine Strukturänderung zu einer geringfügigen Änderung der Amplituden der Moden führt. Folglich ergibt ein Vergleich der Modenamplituden der aktuellen Iteration z mit der vorherigen Iteration $z - 1$ hohe MAC-Werte. Für die Amplituden der Moden wird eine voranschreitende räumliche Änderung relativ zum originären Zustand zugelassen. Damit ist das Verfolgen der Moden aufgrund kleiner Strukturänderungen eher garantiert als ein Vergleich der Amplituden der Moden der originären Struktur mit den Moden der stark modifizierten Struktur, welcher zu sehr kleinen MAC-Werten führen kann [154].

4.3.3 Ansatz zur Evaluierung kritischer Frequenzen

Die Anwendung der Gütefunktionen auf einen zu verändernden Eigenwert zeigt, dass dessen Frequenz in Abhängigkeit zum definierten Zielwert nicht vollständig unabhängig zu anderen Eigenfrequenzen durch eine Strukturmodifikation beeinflusst werden kann [80]. Mit voranschreitender Strukturanpassung an den Bereichen mit den niedrigsten Pseudo-Sensitivitäten entfernen sich konstant zu haltende Eigenwerte immer weiter von deren Ausgangswerten [80]. Hinsichtlich des Optimierungsproblems in Gleichung 4.1 ist jedoch die Änderung ausschließlich eines priorisierten Eigenwerts gefordert. Dementsprechend wird ein Ansatz zur gezielten

Strukturmodifikation mit folgendem Ziel erarbeitet: Die am meisten veränderten, untergeordneten Eigenfrequenzen des Optimierungsproblems zu deren Ausgangswerte „zurückverschieben", während der priorisierte Eigenwert auf dessen Zielwert gebracht wird.

Aktuell bieten die Gütefunktionen eine Möglichkeit, um sowohl durch Materialanlagerung als auch durch Materialentfernung eine ausgewählte Eigenfrequenz in eine definierte Richtung zu verschieben und andere Eigenfrequenzen annähernd konstant zu halten. Daher werden die Gütefunktionen zuerst auf den priorisierten Eigenwert angewendet. Eine anschließende Strukturmodifikation von $\tilde{v}_1$ Voxel, mit den Teilmengen $\tilde{v}_{1,ent}$ und $\tilde{v}_{1,anl}$, an den niedrigsten Pseudo-Sensitivitäten der Gütefunktionen verändert idealerweise ausschließlich den priorisierten Eigenwert λ_{prio} und löst das Optimierungsproblem in Gleichung 4.1 überwiegend durch Massenreduktion. Allerdings werden mit den beiden Gütefunktionen Bereiche gesucht, an denen die priorisierte Mode hohe Amplituden aufweist und die Summe der untergeordneten Moden einen nur geringen Schwingungsanteil zeigt. Im begrenzten, veränderbaren Entwurfsraum kann mit zunehmender Menge an untergeordneten Moden im Optimierungsproblem kaum eine Stelle auf der Struktur zur lokalen Strukturmodifikation gefunden werden, für welche ausschließlich die priorisierten Mode hohe Amplituden zeigt [80]. Daher führt die Variation des priorisierten Eigenwerts meist zu einer stärkeren Beeinflussung von mindestens einem untergeordneten Eigenwert.

Zur Reduktion der Frequenzverschiebung der unzulässigen, untergeordneten Eigenwerte erscheint es sinnvoll, auch für diese untergeordneten Moden die beiden Gütefunktionen anzuwenden und gezielt Strukturanpassungen für diese Eigenwerte durchzuführen. Der Grundgedanke beruht auf dem Lagrange-Ansatz, in welchem jeder unzulässige Eigenwert die Bereiche der Strukturanpassungen mitbestimmt [59]. Würden für jeden unzulässigen Eigenwert simultan Strukturmodifikationen auf Basis der Gütefunktionen durchgeführt, wäre die Frequenzänderung der Eigenwerte des Optimierungsproblems nicht kontrollierbar. Die Strukturänderung für einen Eigenwert würde für wenige sichtbare Voxel sehr wahrscheinlich die Strukturmodifikation zur Frequenzänderung eines anderen Eigenwerts supprimieren oder verschlechtern. Deshalb werden die Gütefunktionen nur für bestimmte unzulässige, untergeordnete Eigenwerte bestimmt. Auf diese Weise werden die unzulässigen Eigenwerte von Iteration zu Iteration nacheinander gezielt verändert.

Neben dem priorisierten Eigenwert werden zwei weitere Eigenwerte als zu verschiebende Eigenfrequenzen für die Strukturmodifikation einer Optimierungsiteration ausgewählt; siehe Abbildung 4.5. Die Bestimmung dieser zwei untergeordneten Eigenwerte orientiert sich am Optimierungsproblem: Der eine Eigenwert $\lambda_{krit,pos}$ erfüllt nicht die zweite Nebenbedingung und weist dabei die größte Frequenzverschiebung zu höheren Werten relativ zu dessen Ausgangswert auf. Der zweite Eigenwert $\lambda_{\mathrm{krit,neg}}$ ist für die zweite Nebenbedingung unzulässig und zeigt gleichzeitig die größte Frequenzverschiebung in Richtung niedrigerer Frequenzwerte. Damit bestimmen maximal drei Eigenwerte in einer Iteration die Anpassung der Struktur: λ_{prio}, $\lambda_{\mathrm{krit,pos}}$ und $\lambda_{\mathrm{krit,neg}}$. Diese drei Eigenwerte seien im Folgenden als *kritische* Eigenwerte tituliert.

Um vielversprechende Voxel für die zwei kritischen, untergeordneten Eigenwerte durch die Gütefunktionen zu identifizieren, wird äquivalent zur priorisierten Mode eine Menge $\tilde{v}_2$ und $\tilde{v}_3$ zu verändernder Voxel festgelegt. $\tilde{v}_2$ beschreibt die Menge zu verändernder Voxel für $\lambda_{\mathrm{krit,pos}}$, während $\lambda_{\mathrm{krit,neg}}$ durch Variation von $\tilde{v}_3$ Voxel zu dessen Ausgangswert gebracht wird. Beide Mengen $\tilde{v}_2$ und $\tilde{v}_3$ werden wiederum in die Korrekturwerte anzulagernder Voxel $\tilde{v}_{2,\mathrm{anl}}$ und $\tilde{v}_{3,\mathrm{anl}}$, als auch in die Reduktionswerte zu entfernender Voxel $\tilde{v}_{2,\mathrm{ent}}$ und $\tilde{v}_{2,\mathrm{ent}}$ aufgeteilt.

Zur Reduktion der Frequenzänderung der zwei kritischen, untergeordneten Eigenwerte $\lambda_{\mathrm{krit,pos}}$ und $\lambda_{\mathrm{krit,neg}}$ werden die Amplituden von deren Moden in den Gütefunktionen in Gleichung 4.5 und Gleichung 4.6 jeweils als zu verändernder Eigenwert eingesetzt. Hierfür ist $\lambda_{\mathrm{krit,pos}}$ oder $\lambda_{\mathrm{krit,neg}}$ der jeweils ausgewählte Eigenwert, während alle anderen Moden des Optimierungsproblems einschließlich des priorisierten Eigenwerts die konstant zu haltenden Eigenwerte darstellen.

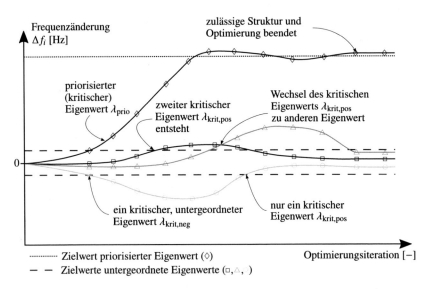

Abb. 4.5 Schematischer Verlauf der Frequenzänderungen von Eigenwerten eines Optimierungsproblems mit Identifikation der kritischen Eigenwerte

Um die Identifikation vielversprechender Bereiche zur Reduktion der Frequenzänderungen von $\lambda_{\mathrm{krit,pos}}$ und $\lambda_{\mathrm{krit,neg}}$ mit den Gütefunktionen des priorisierten Eigenwerts λ_{prio} zu koppeln, werden die bereits identifizierten Voxel der Menge $\tilde{v}_1$ der priorisierten Mode für die nachfolgenden Berechnungen gesperrt. Die Sperrung dieser Voxel erfolgt auch bei einer zulässigen, ersten Nebenbedingung des Optimierungsproblems. Mit der Sperrung dieser Voxel werden die sensitiven Bereiche zur Verschiebung der priorisierten Eigenfrequenz gegen eine nachträgliche Strukturmodifikation geschützt. Die erreichte Frequenzänderung des priorisierten Eigenwerts bleibt überwiegend erhalten [140].

Zur Senkung der Frequenz des Eigenwerts $\lambda_{\mathrm{krit,pos}}$ muss Material an hohen Dehnungsamplituden dieser Mode entfernt werden. Daher wird die Gütefunktion in Gleichung 4.6 für alle nicht-gesperrten, sichtbaren Voxel appliziert und die Menge $\tilde{v}_{2,\mathrm{ent}}$ an Voxel identifiziert und gesperrt. Anschließend wird die Gütefunktion in Gleichung 4.5 verwendet, um anhand der nicht-gesperrten, sichtbaren Elemente vielversprechende Voxel an großen Verschiebungsamplituden der Mode des Eigenwerts $\lambda_{\mathrm{krit,pos}}$ zu bestimmen. Eine Materialanlagerung der Menge $\tilde{v}_{2,\mathrm{anl}}$ wird zum Senken der Frequenz des Eigenwerts $\lambda_{\mathrm{krit,pos}}$ durchgeführt. Für weitere Berechnungen werden die identifizierten Voxel der Menge $\tilde{v}_{2,\mathrm{anl}}$ gesperrt. Zur Reduktion der Frequenzänderung von $\lambda_{\mathrm{krit,neg}}$ ist der Anstieg von dessen Eigenfrequenz notwendig. Daher werden alle nicht-gesperrten, sichtbaren Voxel zu Berechnung der Gütefunktion in Gleichung 4.5 mit $\lambda_{\mathrm{krit,neg}}$ als zu verändernder Eigenwert verwendet. Die Menge $\tilde{v}_{3,\mathrm{ent}}$ an Voxel mit den niedrigsten Pseudo-Sensitivitäten wird bestimmt und gesperrt. Nach der Sperrung dieser Voxel wird die Gütefunktion in Gleichung 4.6 mit $\lambda_{\mathrm{krit,neg}}$ als zu variierender Eigenwert für die nicht-gesperrten, sichtbaren Voxel evaluiert. Es werden die Voxel der Menge $\tilde{v}_{3,\mathrm{anl}}$ mit den resultierenden, niedrigsten Pseudo-Sensitivitäten ermittelt.

Das beschriebene Vorgehen zeigt, dass immer nur an nicht-gesperrten, sichtbaren Voxel jeweils die nächste Gütefunktion ausgewertet wird. Würde man die Gütefunktionen der drei kritischen Eigenwerte λ_{prio}, $\lambda_{\mathrm{krit,pos}}$ und $\lambda_{\mathrm{krit,neg}}$ parallel an allen sichtbaren Voxel auswerten, wäre keine eindeutige Aussage über die Modifikation bestimmter Voxel möglich: Nach der Gütefunktion eines kritischen Eigenwerts soll ein bestimmter Voxel entfernt werden, während die Gütefunktion eines anderen kritischen Eigenwerts das Anlagern an diesen Voxel fordert. Die Vermutung liegt daher nahe, dass durch das serielle Auswerten der Gütefunktionen die Frequenzänderung von bestimmten untergeordneten Eigenwerten nicht reduziert werden kann, weil an dessen optimalen Stellen nicht die richtige Materialänderung für diesen Eigenwert stattfindet. Zum Beispiel identifiziert die Gütefunktion in Gleichung 4.6 für den kritischen Eigenwert $\lambda_{\mathrm{krit,pos}}$ Voxel zur Materialentfernung, während dieselbe Gütefunktion für $\lambda_{\mathrm{krit,neg}}$ die Materialanlagerung an diesen

Voxel vorsehen würde. Infolge der seriellen Auswertung der Gütefunktionen werden die Voxel in dem beschriebenen Fall entfernt, was zur weiteren Reduktion von $\lambda_{\text{krit,neg}}$ führt, da die Struktur zuerst für $\lambda_{\text{krit,pos}}$ und dann für $\lambda_{\text{krit,neg}}$ evaluiert wird. Allerdings behilft sich die Gütefunktion dem Ansatz der Modenähnlichkeit aus Abschnitt 4.3.2. Durch die Gewichtung der konstant zu haltenden Moden im Minuenden wird die Ähnlichkeit der Moden von $\lambda_{\text{krit,pos}}$ und $\lambda_{\text{krit,neg}}$ bereits in der Berechnung der Gütefunktionen berücksichtigt. Es ist daher sehr unwahrscheinlich, dass selbst bei einer parallelen Auswertung der Gütefunktionen Bereiche mit widersprüchlicher Materialmodifikation entstehen. Der Vorteil der seriellen Auswertung der Gütefunktionen liegt in der Kontrolle über die Mengen $\tilde{v}_1$, $\tilde{v}_2$ und $\tilde{v}_3$ zu verändernder Voxel. Das bedeutet, dass immer die geforderte Menge zu verändernder Voxel durch die Gütefunktionen identifiziert und anschließend durch LEOPARD verändert werden. Dagegen wäre es bei einer parallelen Auswertung der Gütefunktionen möglich, dass mehrere Voxel doppelt für eine Strukturmodifikation bestimmt werden, wodurch weniger Voxel als gefordert modifiziert werden.

4.3.4   Kopplung an Systemantwort

Mit der aktuellen Methode werden vielversprechende Bereiche zur Änderung ausgewählter, kritischer Eigenwerte identifiziert. Hingegen fehlt die Kopplung der Menge zu verändernder Voxel an das Optimierungsproblem, um ausgewählte Zielwerte zu erreichen. Im Bereich der empirischen Optimierungsansätze, wie LEOPARD, ist die manuelle Vorgabe zu verändernder Voxel für die erste Optimierungsiteration erforderlich [119]. Die geforderte Menge zu modifizierender Elemente muss an die Anzahl der sichtbaren Voxel des veränderbaren Entwurfsraums gekoppelt werden. Dafür werden Ausgangswerte für die Mengen $\tilde{v}_1$, $\tilde{v}_2$ und $\tilde{v}_3$ zu verändernder Voxel als prozentuales Verhältnis zu den sichtbaren Voxel festgelegt. Diese Mengen zu verändernder Voxel werden im Folgenden als *Basiswerte* der kritischen Eigenwerte bezeichnet [156]. Mit der prozentualen Angabe der Basiswerte ist in jeder Optimierungsiteration sichergestellt, dass die geforderte Menge zu verändernde Voxel sichtbar ist und modifiziert werden kann.

Um die Basiswerte $\tilde{v}_1$, $\tilde{v}_2$ und $\tilde{v}_3$ an das Optimierungsproblem zu koppeln wird die bestehende Schrittweitensteuerung von LEOPARD [119] auf die entwickelte Eigenfrequenzoptimierung adaptiert; siehe Abbildung 4.6. Dafür wird der Ansatz zur Änderung der Basiswerte der bestehenden Schrittweitensteuerung an die dynamische Systemantwort angepasst. Die Überprüfung der Strukturverbundenheit wird von der bestehenden Schrittweitensteuerung übernommen. Zur Variation der Basiswerte wird in jeder Optimierungsiteration ein Modulationsparameter τ_i für jeden

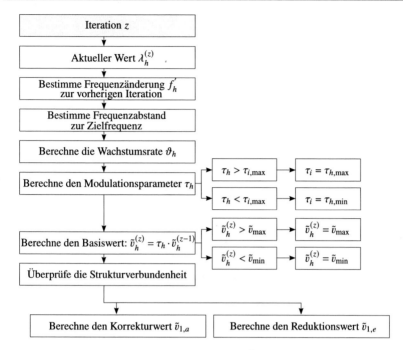

Abb. 4.6 Teilprozess der Schrittweitensteuerung zur Änderung der Basiswerte mit dem Modulationsparameter τ_{prio} am Beispiel des priorisierten, kritischen Eigenwerts λ_{prio}

kritischen Eigenwert berechnet und mit dem jeweiligen Basiswert $\tilde{v}_1$, $\tilde{v}_2$ und $\tilde{v}_3$ multipliziert. Der Modulationsparameter wird an die Änderung der Eigenfrequenzen infolge der Strukturmodifikation aus vorheriger Iteration gekoppelt. Ohne eine Approximation der Systemantwort wird die Änderung der Eigenfrequenzen nach erfolgter Strukturänderung und der Berechnung des modifizierten Analysemodells ermittelt. Folglich eilt die Modulation der Basiswerte durch die Schrittweitensteuerung eine Iteration der Bestimmung der Pseudo-Sensitivitäten hinterher. Die initiale Wahl der Mengen $\tilde{v}_1$, $\tilde{v}_2$ und $\tilde{v}_3$ nimmt daher Einfluss auf den Erfolg und die Anzahl an notwendigen Iterationen des Optimierungsverlaufs, eine zulässige Struktur zu finden.

Mit einem festzulegenden Teilungsfaktor T werden die Basiswerte $\tilde{v}_1$, $\tilde{v}_2$ und $\tilde{v}_3$ jeweils in die zwei bereits erwähnten Teilmengen des Reduktionswertes und des Korrekturwerts für die Berechnung der beiden Gütefunktionen unterteilt; z. B. $\tilde{v}_1$ wird zu $\tilde{v}_{1,\text{ent}}$ und $\tilde{v}_{1,\text{anl}}$ mit

$$\tilde{v}_{1,\text{ent}} = \frac{\tilde{v}_1}{1 + \frac{1}{T}} \qquad (4.12)$$

$$\tilde{v}_{1,\text{anl}} = \tilde{v}_1 - \tilde{v}_{1,\text{ent}} \ .$$

Mit $T = 3$ definiert der Teilungsfaktor das Verhältnis zwischen den zu modifizierenden Voxelmengen und bleibt für den gesamten Optimierungsverlauf konstant. Mit dem konstanten Teilungsfaktor beinhaltet der Reduktionswert stets mehr Voxel als der Korrekturwert.

Der Modulationsparameter, als Kernelement der Schrittweitensteuerung, wird in Abhängigkeit zur berechneten Systemantwort variiert und ändert graduell die Basiswerte. Im Bereich der Wachstumsprozesse wird des öfteren die Sigmoid-Funktion verwendet, um eine steigende Population über die Zeit zu beschreiben [157]. Auch in der Optimierung von nicht-konvexen, unstetigen Optimierungsproblemen wird teils die Sigmoid-Funktion zur Approximation der Systemantwort relativ zum Optimierungsverlauf erfolgreich eingesetzt [158]. Während zum Anfang die Sigmoid-Funktion progressiv steigt, konvergiert diese Funktion ab einem bestimmten Wendepunkt degressiv gegen einen vorgeschriebenen Wert [159]. Die Sigmoid-Funktion ist punktsymmetrisch zu dessen Wendepunkt [158]. Der Verlauf der Sigmoid-Funktion ähnelt stark einem optimalen Optimierungsverlauf, welcher am Anfang durch große Strukturänderungen sehr schnell zur zulässigen Lösung konvergiert und in der Nähe einer zulässigen Struktur nur konservative geometrische Modifikationen zulässt [158]. Die Anwendung und Modellierung einer generalisierten Sigmoid-Funktion wird deshalb in der vorliegenden Arbeit favorisiert, um den Modulationsparameter τ_i für jeden kritischen Eigenwert einzeln zu berechnen und den jeweiligen Basiswert anzupassen.

Für einen festen Frequenzabstand lautet die generalisierte Sigmoid-Funktion zur Berechnung des Modulationsparameters τ_i für einen Eigenwert λ_i

$$\tau_i \left(f_i^{'} \right) = \frac{\Delta \tau_i}{1 + e^{\vartheta \left(f_i^{'} + \kappa \right)}} + \Delta \tau_{i,\text{min}} \left(\Delta f_i \right) \qquad (4.13)$$

mit $f_i^{'}$ als Frequenzänderung von der vorherigen Iteration zur aktuellen Iteration und κ als Parameter zur Verschiebung des Wendepunkts der Sigmoid-Funktion zu größeren bzw. kleineren Frequenzänderungen. Wenn $\kappa = 0$ gesetzt wird, führen bereits geringfügige Frequenzänderungen zu einer größeren Variation des Modulationsparameters. Mit $\Delta \tau_i$ wird die Differenz aus dem maximalen $\tau_{i,\text{max}} \left(\Delta f_i \right)$ und minimalen Modulationsparameter $\tau_{i,\text{min}} \left(\Delta f_i \right)$ des aktuellen Frequenzabstandes Δf_i des jeweiligen kritischen Eigenwerts zu dessen Zielwert berechnet. Für sehr kleine bzw. sehr große Frequenzänderungen konvergiert die Sigmoid-Funktion gegen $\tau_{i,\min}(\Delta f_i)$ bzw. $\tau_{i,\max}(\Delta f_i)$. Die Grenzen des minimalen und maximalen Modulationsparameters werden vorgegeben. ϑ_i beschreibt die logarithmische Wachstumsrate des Modulationsparameters in der Sigmoid-Funktion in Abhängigkeit zur Frequenzänderung f_i' des kritischen Eigenwerts λ_i

$$\vartheta_i = \frac{1}{f_0'} \log\left(1 - \frac{\Delta \tau_i}{\tau_0 - \min(\tau_i(\Delta f_i))}\right). \tag{4.14}$$

Für die Wachstumsrate ist die Definition des zu erreichenden Modulationsparameters τ_0 an einer Frequenzänderung f_0' notwendig. In der vorliegenden Arbeit wird die Wachstumsrate für die drei kritischen Eigenwerte gleich angenommen. Für die Untersuchungen werden $\tau_0 = 0,95 * \max(\tau_i(\Delta f_i))$ für eine kleine Frequenzänderung von $f_0' = 0,05 * 50\,\text{Hz} = 2,5\,\text{Hz}$ festgelegt, um eine Sigmoid-Funktion mit schnell steigendem Modulationsparameter zu generieren.

Bisher ist es möglich für jeden Frequenzabstand eine Sigmoid-Funktion relativ zu einem festgelegten minimalen und maximalen Modulationsparameter anzugeben. Allerdings können während des Optimierungsverlaufs viele verschiedene Frequenzabstände eines kritischen Eigenwerts zu dessen Zielwert angenommen werden. Daher wird definiert, die Grenzen des maximalen und minimalen Modulationsparameters in Abhängigkeit zu einem maximal und minimal zulässigen Frequenzabstand festzulegen. Für Zwischenwerte des Frequenzabstands werden der maximale und minimale Modulationsparameter und damit die Sigmoid-Funktion linear interpoliert. Außerhalb des maximal und minimal zulässigen Frequenzabstandes bleibt die Sigmoid-Funktion konstant; siehe Abbildung 4.7.

Der Modulationsparameter nimmt für einen kritischen Eigenwert große Werte an, wenn dessen Frequenzänderung infolge der Strukturmodifikation aus vorheriger Iteration zu einer Verschlechterung der Nebenbedingung des Optimierungsproblems führt. Dadurch wird eine schnell ansteigende Menge zu verändernder Voxel für einen kritischen Eigenwert erzeugt, wenn sich dessen Frequenz von der definierten Zielfrequenz entfernt. Gleichermaßen sinkt der Modulationsparameter, wenn der kritische Eigenwert von der vorherigen Iteration zur aktuellen Iteration in Richtung dessen Zielwert verändert worden ist. Nach der Interpretation der Minima der Gütefunktionen in Abschnitt 4.2 ist der jeweils kritische Eigenwert an den modifizierten Strukturbereichen sehr sensitiv. Daher müssen gleich viel bis weniger Voxel modifiziert werden, um dessen Eigenfrequenz zu dessen Zielwert langsam, aber dafür kontrolliert, zu verändern.

Aufgrund der unterschiedlichen Definition der Nebenbedingungen des Optimierungsproblems in Gleichung 4.1 wird die Sigmoid-Funktion für jeden kriti-

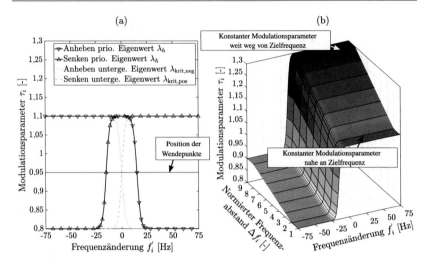

Abb. 4.7 Bestimmung des Modulationsparameters zur Variation der Mengen zu verändernder Voxel pro Optimierungsiteration: nachgedruckt mit Genehmigung von [140]. **a** Sigmoid-Funktion in Abhängigkeit zur Frequenzänderung f_i' zum Anheben und Senken des priorisierten Eigenwerts λ_{prio}, Erhöhen des Eigenwerts $\lambda_{\text{krit,neg}}$ und Reduktion der Frequenz von $\lambda_{\text{krit,pos}}$ für einen normierten Frequenzabstand von Eins relativ zur deren jeweiligen Zielfrequenz. **b** Sigmoid-Funktion in Abhängigkeit zur Frequenzänderung und dem Frequenzabstand $\Delta \tau_i$ beispielhaft zur Senkung des priorisierten Eigenwerts

schen Eigenwert unterschiedlich angewendet. Für $\lambda_{\text{krit,pos}}$ wird die ursprüngliche Sigmoid-Funktion in Gleichung 4.13 appliziert. Für diesen Eigenwert resultiert eine Zunahme des Modulationsparameterwerts, wenn dessen Frequenz eine positive Frequenzänderung f_i' aufweist und folglich in den unzulässigen Bereich verschoben wird. Im Gegensatz dazu muss die Sigmoid-Funktion für $\lambda_{\text{krit,neg}}$ zu ihrem Wendepunkt κ gespiegelt werden, indem $f_i' = -f_i'$ in Gleichung 4.13 eingesetzt wird. Als Resultat steigt der Modulationsparameter für $\lambda_{\text{krit,neg}}$, wenn die Frequenzänderung f_i' von $\lambda_{\text{krit,neg}}$ negativ ist. Für $\iota = 1$ im Optimierungsproblem in Gleichung 4.1 soll die priorisierte Eigenfrequenz äquivalent zu $\lambda_{\text{krit,pos}}$ sinken, weshalb dann die ursprüngliche Sigmoid-Funktion für λ_{prio} genutzt wird. Gleichermaßen wird die gespiegelte Sigmoid-Funktion, wie bei $\lambda_{\text{krit,neg}}$, für λ_{prio} appliziert, wenn $\iota = -1$ im Optimierungsproblem annimmt und die priorisierte Eigenfrequenz zu einem Zielwert steigen soll. Allerdings muss der Modulationsparameter für die priorisierte Mode nur für zu große Frequenzänderungen reduziert werden. Zudem soll der Modulationsparameter steigen, wenn die Frequenzänderungen klein sind oder die priorisierte Frequenz nicht in Richtung des Zielwerts verschoben wird. Daher wird mittels $\kappa > 0$ eine Verschiebung des Wendepunkts der Sigmoid-Funktion zu einer größeren Frequenzänderung f_i' für den priorisierten Eigenwert umgesetzt; siehe Abbildung 4.7.

Aktuell sind die Basiswerte der drei kritischen Eigenwerte nicht begrenzt. Bei großen Strukturanpassungen ist der Einfluss der Strukturmodifikation auf die Änderung der Systemantwort schwer zu beurteilen [119]. Aus diesem Grund werden die Basiswerte auf einen festzulegenden Maximalwert $\tilde{v}_{\mathrm{max}}$ begrenzt. Gleichermaßen führt ein kleiner Modulationsparameter zu sinkenden Basiswerten und folglich zur abnehmenden Anpassung der Struktur für den zugehörigen kritischen Eigenwert. Zur Gewährleistung der Strukturmodifikation für ein kritischen Eigenwert wird ein Minimalwert $\tilde{v}_{\mathrm{min}}$ für die Basiswerte definiert.

Die Basiswerte sind aktuell ohne Bezug zueinander. Strukturmodifikationen zum Zurückverschieben eines untergeordneten Eigenwerts zu dessen Ausgangswert können eine bereits erreichte Frequenzänderung des priorisierten Eigenwerts erheblich reduzieren. Damit wäre das Erreichen eines zum Ausgangswert weit entfernten Zielwerts für die priorisierte Eigenfrequenz kaum möglich. Aus diesem Grund werden der Ausgangswert und der Maximalwert des Basiswerts der untergeordneten Eigenwerte begrenzt, insofern die erste Nebenbedingung des Optimierungsproblems unzulässig ist. Die Begrenzung wird als prozentuales Verhältnis zum Ausgangswert bzw. Maximalwert des Basiswertes des priorisierten Eigenwerts definiert. Wenn die erste Nebenbedingung zulässig ist, wird die Begrenzung der Basiswerte der untergeordneten Eigenwerte nicht angewendet. Damit wird eine größere Frequenzänderung der untergeordneten Eigenwerte infolge einer zunehmenden Menge modifizierter Voxel reduziert. Beim Wechsel eines kritischen Eigenwerts von einer Mode zu einer anderen Mode wird der Basiswert nicht verändert. Im Fall einer zulässigen Nebenbedingung wird der zugehörige Basiswert auf den Ausgangswert gesetzt und nicht weiter verändert.

Nach erfolgter Änderung der Basiswerte $\tilde{v}_1$, $\tilde{v}_2$ und $\tilde{v}_3$ wird die Struktur durch LEOPARD modifiziert. Anschließend wird die Strukturverbundenheit durch LEOPARD überprüft und ein Cutback durchgeführt, insofern mindestens ein Voxel keine von-Neumann-Nachbarschaft mit den Voxel der restlichen Struktur aufweist. Mit der erarbeitenden Schrittweitensteuerung wird ein weiterer Cutback in den Optimierungsprozess eingeführt. Bisher bricht der Optimierungsverlauf ab, wenn für mindestens ein Eigenwert der vorherigen Optimierungsiteration kein passender Eigenwert der aktuellen Iteration gefunden werden kann, für welche ein Vergleich derer Moden einen MAC-Wert größer als 0,8 liefert. Es wird angenommen, dass infolge einer zu großen Modifikation der Struktur von zwei aufeinanderfolgenden Optimierungsiteration die Amplituden der Moden räumlich zu stark verändert werden, während keine weiteren Moden infolge des Hinzufügens und Entfernens von Freiheitsgraden in den Frequenzbereich entstanden sind. Daraus folgt, dass mit einer kleineren Änderung der Struktur auch eine Erhöhung des MAC-Werts als Vergleich der Moden der aktuellen zur vorherigen Iteration einhergeht. Mit der Implementierung des zweiten Cutbacks wird die Strukturmodifikation, welche zum Abbruch der Optimierung geführt hat, zurückgenommen und die Basiswerte $\tilde{v}_1$, $\tilde{v}_2$ und $\tilde{v}_3$ halbiert. Basiswerte von zulässigen Nebenbedingungen werden nicht verändert. Ein Cutback wird so lange durchgeführt, bis für jede Mode der aktuellen Iteration eine Mode der vorherigen Iteration mit $\Xi > 0,8$ gefunden wird. Die Optimierung wird abgebrochen, wenn ein Basiswert dessen Minimalwert infolge des Cutbacks erreicht. Eine Optimierung gilt als erfolgreich, wenn für das Optimierungsproblem eine zulässige Struktur gefunden wird. Anschließend werden keine weiteren Strukturmodifikationen durchgeführt.

4.4   Modale Manipulation eines Plattenmodells

Zur Anwendung der Methode und Untersuchung der Einflüsse von den eingeführten Parametern wird zuerst ein geometrisch einfaches Plattenmodell herangezogen. Für das Plattenmodell werden Optimierungsmodelle erstellt. Es wird eine achsensymmetrische Platte mit einer Länge und Breite von 210 mm, sowie einer Höhe von 15 mm aus dem Material Stahl gewählt. Für die isotropen Materialeigenschaften von Stahl wird ein Youngscher Modul von 2,1E8 N/mm^2, eine Materialdichte von 7,86E-6 kg/mm^3 und eine Querkontraktionszahl von 0,33 angenommen. Damit liegen die ersten Eigenfrequenzen der Platte im Frequenzbereich des niederfrequenten Bremsenquietschens; siehe Tabelle 4.1. Die erzielten Frequenzverschiebungen am Plattenmodell können damit als absoluter und prozentualer Wert mit den Untersuchungen eines Bremssattels in Abschnitt 4.5 verglichen werden.

Die Struktur der Platte stellt eine einfache, rechteckige Geometrie dar und wird daher sehr gut durch Voxel beschrieben. Mit LEOPARD wird die Oberfläche der Plattenstruktur an deren Rändern automatisch geglättet. Die folgende Untersuchung ermittelt den Einfluss der Elementkantenlänge der Voxel auf die Kantenglättung und die modalen Größen. Es werden die Elementkantenlängen 1,0 mm, 1,5 mm, 2,5 mm oder 3 mm gewählt, damit eine ganzzahlige Anzahl an Voxel in die Geometrie der Platte passt und die Optimierungsmodelle die gleichen Maße wie die ursprüngliche Plattengeometrie aufweisen. In Tabelle 4.1 sind die Eigenfrequenzen der Platte in Abhängigkeit zur gewählten Elementkantenlänge der Voxel aufgeführt, welche mit ABAQUS berechnet worden sind.

Tab. 4.1 Eigenfrequenzen der ersten fünf Moden des Plattenmodells relativ zur gewählten Elementkantenlänge der geglätteten Voxel des Optimierungsmodells mit Kantenlänge von 1,0 mm als Referenzmodell. In runden Klammern sind die Frequenzwerte der ungeglätteten Voxel aufgeführt

Mode	1,0 mm [Ref.]	1,5 mm	2,5 mm	3 mm
1	1115 Hz (1087)	1129 Hz (1087)	1159 Hz (1088)	1174 Hz (1088)
2	1642 Hz (1620)	1655 Hz (1621)	1685 Hz (1626)	1702 Hz (1628)
3	2096 Hz (2043)	2119 Hz (2040)	2164 Hz (2032)	2184 Hz (2027)
4, 5[a]	2810 Hz (2782)	2824 Hz (2782)	2852 Hz (2782)	2866 Hz (2782)
n_L, n_B[b]	210	140	84	70
n_H[b]	15	10	6	5
Δf_{max}[c]	–	−23 Hz [3]	−68 Hz [3]	−88 Hz [3]
Δf_{max}^c	–	−1,2 % [1]	−43,8 % [1]	−5,0 % [1]
m [kg]	5184,0 (5199,4)	5178,0 (5199,4)	5163,0 (5199,4)	5153,9 (5199,4)
t_{sim} [s][d]	460	162	21	13

[a] Doppelmoden aufgrund symmetrischer Plattenstruktur
[b] Anzahl Voxel in Länge n_L, Breite n_B oder Höhe n_H
[c] Max. Frequenzunterschied zum Referenzmodell von 1,0 mm für Mode in eckigen Klammern
[d] Rechenzeit: Linux Workstation 2x Intel® Xeon® 6234, 3,3 GHz, 384 GB, 2933 MHz ECC DDR4

Das Optimierungsmodell, bestehend aus Voxel mit 1,0 mm großer Kantenlänge, wird als Referenzmodell für die Untersuchung genutzt. Eine Voxelgröße mit einer Kantenlänge von 1,5 mm weist einen maximalen Frequenzunterschied von −23 Hz zum Referenzmodell auf, während die Rechenzeit 2,84 mal kürzer ist. Die weiteren Elementkantenlängen von 2,5 mm und 3 mm bilden die modalen Eigenschaften der Platte, aufgrund eines maximalen Frequenzunterschieds von −68 Hz und −88 Hz zum Referenzmodell, weniger gut ab. Allerdings ist der Einfluss der Oberflächenglättung von LEOPARD im Eigenfrequenzvergleich zu berücksichtigen; siehe Anhang Kapitel B.2 im elektronischen Zusatzmaterial für die konvexe Glättung von Voxel. Für alle gewählten Elementkantenlängen passt eine gerade Anzahl an Voxel in die Geometrie des Plattenmodells. Mit der isotropen, homogen Materialverteilung in allen Optimierungsmodellen muss das Gewicht des Plattenmodells für alle vier Voxelgrößen gleich hoch sein. In Tabelle 4.1 ist eine Zunahme der Masse des Plattenmodells mit kleiner werdender Voxelgröße zu erkennen. Aus diesem Grund sind die Eigenfrequenzen und Massen der ungeglätteten Voxel pro Elementkantenlänge aufgeführt. Es ist festzustellen, dass der Frequenzunterschied der Optimierungsmodelle mit Voxel unterschiedlicher Elementkantenlänge maßgeblich durch die konvexe Glättung der Voxel zustande kommt. Umso kleiner ein Voxel ist, desto geringer fällt die Krümmung der Verrundungen an den Plattenrändern aus. Die Bestimmung der Eigenfrequenzen ist in LEOPARD daher abhängig von der gewählten Elementkantenlänge und zusätzlich von der Glättung der Voxel. Eine komplexe Struktur kann nicht immer durch eine gerade Anzahl an Voxel mit einer ausgewählten Kantenlänge gefüllt werden. Deshalb sind u. a. die Masse der Struktur und die Eigenfrequenzen als erste Indikatoren einer ungenügenden Approximation einer komplexen Struktur durch Voxel heranzuziehen.

Zur Untersuchung des Einflusses der Elementkantenlänge auf den Optimierungs-verlauf der entwickelten Methode ist die Definition eines Entwurfsraums einschließ-lich der Entwurfsraumgrenzen erforderlich; siehe Abbildung 4.8. Hierfür wird ein Startentwurf festgelegt, welcher aus einem minimalem, nicht veränderbaren Ent-wurfsraum in der Form einer Rahmenstruktur und einem inneren, modifizierbaren Entwurfsraum als „Kern" der Platte besteht. Mit dem gewählten Aufbau des Start-entwurfs wird eine Reduktion der Masse der Platte relativ zur Ausgangsstruktur ermöglicht. Oberhalb und unterhalb des Startentwurfs befinden sich zwei weitere veränderbare Entwurfsräume jeweils mit einer Höhe von 15 mm und der gleichen Breite und Länge des Startentwurfs. Die Voxel dieser zusätzlichen Entwurfsräume sind zu Beginn der Optimierung mit $\zeta_j = 0$ „ausgeschaltet" und tragen vorerst nicht zur Dynamik des Bauteils bei.

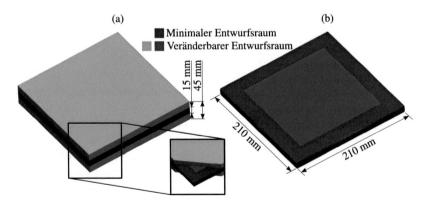

Abb. 4.8 Geometrie und Aufbau des Plattenmodells für Optimierungsstudien in Anlehnung an [140]. **a** Entwurfsraum mit Schnittansicht zur Darstellung des Startentwurfs. **b** Startentwurf mit geglätteten Voxel zur initialen Optimierungsiteration $z = 0$

4.4.1   Verifikation der Optimierungsmethode

Zur Anwendung der vorgeschlagenen Optimierungsmethode muss ein Optimierungsproblem für das Plattenmodell formuliert werden. Hierfür wird der erste Eigenwert als priorisierter Eigenwert vorgeschlagen

$$\min \arg \; m$$

$$\text{sodass} \quad \iota \left(\Delta \lambda_1^{(z)} - 200\text{Hz} \right) \leq 0$$

$$\left| \lambda_i^{(z)} - \lambda_{i,0} \right| - 30\text{Hz} \leq 0, \quad \forall i \in \{2, 3, 4, 5\} \tag{4.15}$$

$$\zeta_j^{(z)} = 0 \quad \text{oder} \quad 1, \quad \forall j \in \upsilon$$

damit dessen Eigenfrequenz um 200 Hz mit $\iota = -1$ steigt bzw. mit $\iota = 1$ sinkt, während die untergeordneten Eigenwerte zwei bis fünf nicht mehr als 30 Hz relativ zu deren Ausgangswert verändert werden dürfen. Eine Begründung der Auswahl des ersten Eigenwerts als priorisierter Eigenwert wird im nächsten Kapitel gegeben. Vorerst soll dieses Optimierungsproblem als Beispiel für die Darstellung der Abhängigkeit der entwickelten Optimierungsmethode zur Elementkantenlänge, sowie dem gewähltem Radius des Sensitivitätsfilters, dienen. Als Einstellparameter der Schrittweitensteuerung werden die Werte in der zweiten Spalte in Tabelle 4.2 verwendet. Für das Plattenmodell wird zuerst die Bildung von Hohlräumen und Löcher untersagt, wodurch ausschließlich Voxel an der Oberfläche des Plattenmodells entfernt werden können.

Nach [155] sind zwei Moden nicht mehr ähnlich, wenn deren Vergleich auf Basis von MAC zu einem Wert kleiner als etwa 0,60 führt. Im Fall des Plattenmodells führt eine Modenverfolgung auf Basis von MAC-Werten größer als 0,80 zu sehr langsamen Optimierungsverläufen: Besonders die Doppelmoden vier und fünf weisen kleine MAC-Werte im Optimierungsverlauf auf und halbieren die Basiswerte der Schrittweitensteuerung, obwohl die Amplitudenverteilung der Moden auf der Platte, subjektiv beurteilt, annähernd gleich bleiben; siehe Abbildung 4.21. Eine größere Schwankung der MAC-Werte ist für die Doppelmoden am Plattenmodell bei der Bildung von Hohlräumen und Löchern festzustellen. Zur Vergleichbarkeit der Optimierungsergebnisse wird für das Plattenmodell der MAC-Wert zur Modenverfolgung in der Schrittweitensteuerung bereits zu Beginn auf 0,60 festgesetzt.

In Abbildung 4.9 sind die Ergebnisse für die gewählten Elementkantenlängen ohne die Anwendung des Sensitivitätsfilters zur Lösung des Optimierungsproblems dargestellt. Durch das Verhindern von Löchern erreicht die Strukturoptimierung mit großen Elementkantenlängen von 3,0 mm und 2,5 mm nach wenigen Iterationen die

Tab. 4.2 Einstellparameter der Schrittweitensteuerung für das Plattenmodell

Einstellparameter	Wert (initial)	Wert (angepasst)
Start-Basiswert $\tilde{v}_{\text{start}}$	0,01	0,04
Max. Basiswert $\tilde{v}_{\text{max}}$	0,02	0,04
Min. Basiswert $\tilde{v}_{\text{min}}$	0,0005	0,0005
Start Basiswert (untergeordnete Moden)	$0,6\cdot\tilde{v}$	$0,6\cdot\tilde{v}$
Max. Basiswert (untergeordnete Moden)	$0,6\cdot\tilde{v}_{\text{max}}$	$0,6\cdot\tilde{v}_{\text{max}}$
Min. Basiswert (untergeordnete Moden)	$\tilde{v}_{\text{min}}$	$\tilde{v}_{\text{min}}$
MAC (Modenverfolgung)	0,60	0,60
Eindringtiefe	1 Voxel	1 Voxel

Entwurfsraumgrenzen. Daher kann kein weiteres Material entfernt werden, wodurch die angestrebten Frequenzänderungen der Eigenwerte des Optimierungsproblems, überwiegend durch die Anlagerung von Material, erreicht wird. Die finalen Strukturen dieser zwei Voxelgrößen weisen eine hohe Massenzunahme im Vergleich zu den anderen zwei Optimierungsmodellen auf. Mit zunehmender Größe der Voxel fällt auch die Änderung der Eigenfrequenzen von Iteration zu Iteration größer aus. Im Optimierungsverlauf beginnen die Frequenzänderungen um deren Zielwert zu oszillieren, da in einer Iteration zu viel Material durch zu große Voxel verändert wird. Für Voxel mit kleineren Elementkantenlängen liegen mehr Voxel entlang der Dicke der Platte vor. Ohne Löcher auszubilden, kann das Material mit einer kleiner werdenden Kantenlänge der Voxel zielgerichteter entlang der Plattendicke entfernt und hinzugefügt werden. Allerdings steigt der Rechenaufwand mit abnehmender Voxelgröße: Im direkten Vergleich der Voxelgrößen 3,0 mm und 1,5 mm wird für eine halb so kleine Elementkantenlänge zehnmal so viel Zeit zur Berechnung der reellen Eigenwerte benötigt; siehe Tabelle 4.1. Jedoch wird in dieser Arbeit für die Einzelkomponenten aufgrund der insgesamt geringen Rechenzeit ein Optimierungsverlauf mit wenigen Oszillationen in den Frequenzänderungen gegenüber einem erhöhten Rechenaufwand favorisiert. Für die nachfolgenden Studien wird eine Elementkantenlänge von 1,5 mm für die Voxel festgelegt. Das Optimierungsmodell mit 1,5 mm breiten Voxel zeigt zum einen geringe Frequenzunterschiede zum Referenzmodell, eine geringe Analysedauer von 162 s zur Berechnung der Eigenwerte und wenige Oszillationen mit einer schnellen Konvergenz im Optimierungsverlauf. Zum anderen ist die Masse der finalen Struktur geringfügig höher als beim Referenzmodell.

Vor der Variation des Optimierungsproblems soll die Möglichkeit untersucht werden, inwiefern das Optimierungsergebnis unabhängig zur Elementkantenlänge

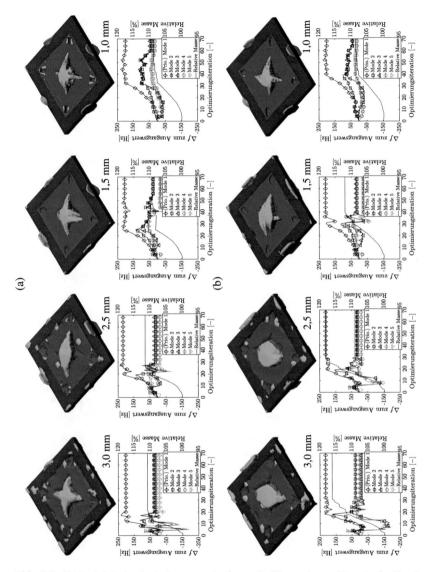

Abb. 4.9 Abhängigkeit des Optimierungsverlaufs von der Elementkantenlänge i_L der Voxel und dem Radius des Sensitivitätsfilters. **a** Ohne Sensitivitätsfilter. **b** Filterradius = Elementkantenlänge $\cdot\sqrt{2}$

der Voxel werden kann. Mit der Anwendung des Sensitivitätsfilters von LEOPARD und einem Filterradius von $\sqrt{2}$ mal die Elementkantenlänge werden die Optimierungsmodelle für die ausgewählten Elementkantenlängen mittels der entwickelten Methode erneut optimiert. Die Oszillation der Frequenzänderungen ist weiterhin zwar für die Modelle bestehend aus Voxel mit einer Kantenlängen von 3,0 mm und 2,5 mm zu erkennen. Allerdings können die Oszillationen auf wenige Optimierungsiterationen reduziert werden. Auch die finalen Strukturen der untersuchten Voxelgrößen zeigen jetzt größere Ähnlichkeiten in der Anlagerung und dem Entfernen von Material. Infolge der Anwendung des Sensitivitätsfilters entstehen finale Strukturen mit einer viel größeren Masse für die Elementkantenlängen 3,0 mm, 2,5 mm und 1,5 mm. Die kleinste Masse des optimierten Plattenmodells wird weiterhin durch die kleinste Voxelgröße erreicht. Der Sensitivitätsfilter kann die Abhängigkeit des Optimierungsergebnisses zur Elementkantenlänge nicht vollständig lösen. Eine Modifikation von sehr großen Voxel kann aufgrund des verfolgten hard-kill Ansatzes nie die Feinheit der Gestaltänderung von viel kleineren Voxel erreichen, da Voxel immer vollständig angelagert oder entfernt werden. In den nachfolgenden Studien wird dennoch der Sensitivitätsfilter angewendet, um die Abhängigkeit zur gewählten Feinheit des Rechengitters zu reduzieren.

4.4.2 Variation des Optimierungsproblems

In den Untersuchungen zur Verschiebung ausschließlich einer priorisierten Eigenfrequenz wird zur Darstellung des Potentials der Methode und deren Limitierungen der am schwersten zu ändernde Eigenwert genutzt. Der Begriff „schwer" wird an dieser Stelle mit den größten Strukturänderungen an der Platte und damit die meisten Optimierungsiterationen zur Erfüllung des Optimierungsproblems in Gleichung 4.15 gleichgesetzt. Zur Auswahl und Rechtfertigung des am schwersten zu verändernden Eigenwerts des Plattenmodells wird die vorgeschlagene Methode zur Verschiebung jeder einzelnen Eigenfrequenz des Optimierungsproblems ohne der Berücksichtigung weiterer Frequenzen genutzt; siehe Abbildung 4.10. Als Ziel wird verfolgt, die finale Struktur zur Verschiebung der jeweiligen Eigenfrequenz zu ermitteln, den Aufwand für diese Frequenzänderung zu bestimmen und die Auswahl des ersten Eigenwerts als priorisierter Eigenwert zu begründen. Es ist festzustellen, dass für jeden Eigenwert eine modifizierte Struktur mit oft geringfügigen Strukturmodifikationen gefunden wird, für welche der jeweilige Eigenwert kontinuierlich zu dessen Zielwert gebracht wird und die geforderte Frequenzverschiebung in wenigen Iterationen (maximal 33) erreicht wird. Für den ersten und zweiten Eigenwert werden die meisten Iterationen sowohl zum Anheben als auch Senken von deren

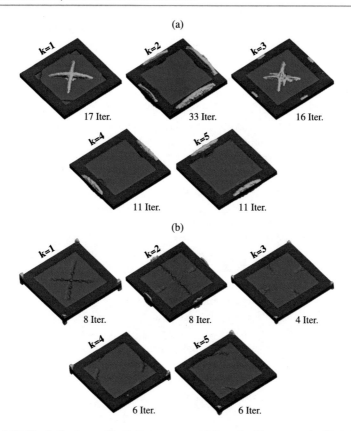

Abb. 4.10 Finale Strukturen für die Frequenzverschiebung des Eigenwerts der Mode k ohne Berücksichtigung von weiteren Eigenwerten unter Angabe der Anzahl notwendiger Iterationen bis Erreichen der Zielfrequenz mit **a** anheben um 200 Hz und **b** senken um 200 Hz

Eigenfrequenzen benötigt. Zur Einschränkung der nachfolgenden Untersuchungen wird daher der erste Eigenwert ausgewählt. Zudem wird aus diesen Untersuchungen die Adaptionsfähigkeit der vorgeschlagenen Methode auf Doppelmoden ersichtlich. Infolge der Modenverfolgung wird eine Symmetrieebene des Plattenmodells durch die Anwendung der Methode aufgehoben. Als Resultat werden die Frequenzen der beiden Doppelmoden getrennt.

Nach der Auswahl des priorisierten Eigenwerts wird die Komplexität einer autarken Frequenzverschiebung des ersten Eigenwerts auf Basis der Verteilung der

Modenamplituden auf der Struktur bereits abgeschätzt. Die Platte weist für fast alle sichtbaren Voxel der originären Struktur hohe Verschiebungs- und Dehnungsdichten für alle fünf Moden auf; siehe Anhang Kapitel C.1 im elektronischen Zusatzmaterial. Daher existieren wenige Stellen auf der Struktur, an denen ausschließlich die erste Mode hohe Amplituden aufweist. Die Möglichkeit besteht, dass eine Materialänderung an den höchsten Modenamplituden des priorisierten Eigenwerts durch die Gütefunktionen vermieden wird, wodurch eine autarke Frequenzverschiebung der priorisierten Frequenz zu einem hohen, absoluten Zielwert nicht möglich ist. In den folgenden Untersuchungen dieses Kapitels wird dieser Sachverhalt näher beleuchtet.

Die Richtung der Frequenzverschiebung eines ausgewählten Eigenwerts bestimmt die Reihenfolge der Anwendung der zwei Gütefunktionen. Daher wird als erstes Optimierungsziel der erste Eigenwert zu kleineren Frequenzwerten verschoben, während die Anzahl der untergeordneten Eigenwerte variiert wird. Hierfür wird im Optimierungsproblem in Gleichung 4.15 $\iota = 1$ gesetzt und zuerst nur die zweite Mode als untergeordneter Eigenwert berücksichtigt; siehe Abbildung 4.11. Für die priorisierte Eigenfrequenz wird die geforderte Frequenzverschiebung von -200 Hz nach 57 Iterationen erreicht. Allerdings wird der zweite Eigenwerte simultan zu geringeren Frequenzwerten verändert. Es besteht keine Möglichkeit die zweite Eigenfrequenz zu dessen Ausgangswert mit den Strukturmodifikationen an den Minima der beiden Gütefunktionen, welche für den zweiten Eigenwert ausgewertet worden sind, zu bringen. Die kleinsten Pseudo-Sensitivitäten dieser beiden Gütefunktionen sind an, zueinander benachbarten, Voxel auf der Struktur wiederzufinden. Somit wird durch diese Gütefunktionen eine Materialanlagerung

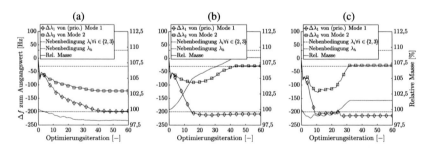

Abb. 4.11 Senken der ersten Eigenfrequenz um 200 Hz mit $l_2 \in \{2\}$. **a** Initiale Schrittweite. **b** Anpassung Teilungsfaktor der Schrittweitensteuerung auf 1. **c** Angepasste Schrittweite: 4-fach so großer Start-Basiswert und doppelt so hoher maximaler Basiswert im Vergleich zur initialen Schrittweite mit Teilungsfaktor von 3

und Materialentfernung zueinander benachbarter Voxel gefordert. Eine Iteration später wird durch die beiden Gütefunktionen gefordert, die jeweils durchgeführten Strukturänderungen wieder zu revidieren. Allerdings verhindert LEOPARD das Entfernen eines Voxel, wenn dieser in der vorherigen Iteration angelagert worden ist und vice versa. Daher werden zwar die von der Schrittweitensteuerung geforderten Voxel durch die beiden Gütefunktionen für den zweiten Eigenwert identifiziert, aber nicht durch LEOPARD modifiziert. In der darauf folgenden Optimierungsiteration ist jedoch die Modifikation dieser Voxel möglich. Die Gütefunktionen ändern sich innerhalb von drei Iterationen nur geringfügig. Eine oszillierende Modifikation bestimmter Voxel tritt ein. Durch die Oszillation werden bestimmte Voxel identifiziert und modifiziert, während zwei Iterationen später diese Strukturänderungen zurückgenommen werden.

In den Gütefunktionen werden die kinetischen und potentiellen Energien der ausgewählten Mode der zu verschiebenden Frequenz nicht miteinander korreliert und die beiden Gütefunktionen werden in keinen direkten Bezug für die Strukturanpassung zueinander gebracht. Wie in Abschnitt 4.2 vorgeschlagen, muss deshalb die Anzahl zu verändernder Voxel vergrößert werden, damit sich die Unterschiede der Gütefunktionen in deren niedrigsten Pseudo-Sensitivitäten iterativ ergeben. Hierfür wird zuerst der Teilungsfaktor T von 3 auf 1 angepasst. Durch diese Anpassung wird gleich viel Material für die Anlagerung wie für die Materialentfernung durch die beiden Gütefunktionen identifiziert. Voxel mit höheren Pseudo-Sensitivitäten werden zur Materialanlagerung freigegeben. Die Wahrscheinlichkeit steigt, dass die Gütefunktionen stark unterschiedliche Bereiche zur Strukturmodifikation identifizieren. Die Strukturmodifikationen breiten sich in diesen Strukturbereichen iterativ aus. Als Folge revidiert die Materialanlagerung der einen Gütefunktion nicht weiter die Materialentfernung der anderen Gütefunktion. Der Erfolg der Anpassung des Teilungsfaktors kann mit dem Auffinden einer zulässigen Struktur in Abbildung 4.11 entnommen werden. Mit der Anpassung des Teilungsfaktors von 3 auf 1 steigt jedoch die relative Masse auf 108,4 % enorm an.

Als eine weitere Möglichkeit für zu ähnliche identifizierte Bereiche durch die beiden Gütefunktionen für einen ausgewählten Eigenwert werden der Start-Basiswert und der maximale Basiswert für den untergeordneten Eigenwert $\lambda_{krit,neg} = 2$ angepasst. Hierfür wird die Schrittweite auf die Werte in der dritten Spalte in Tabelle 4.2 erhöht. Ähnlich der Anpassung des Teilungsfaktors werden mit der größeren Schrittweite mehr Voxel durch die beiden Gütefunktionen für den zweiten Eigenwert identifiziert. Damit findet das Anlagern von Material weniger benachbart zu den Bereichen des Entfernens von Voxel statt. Mit einer gewählten Eindringtiefe von einem Voxel werden mehr Voxel zur Materialentfernung an der Oberfläche der Plattenstruktur identifiziert. In Abbildung 4.11 ist der Optimierungsverlauf für die angepasste Schrittweite illustriert. Im Vergleich zur Optimierung mit angepasstem Teilungsfaktor wird bereits 11 Iterationen früher eine zulässige Struktur mit 101,5 % zur Ausgangsstruktur relativen Masse erreicht. Die angepasste Schrittweite führt auch zu einem schnelleren Erreichen des Zielwerts für die Verschiebung einer ausgewählten Eigenfrequenz. Wendet man die angepasste Schrittweite auf die erste Eigenfrequenz ohne der Berücksichtigung der zweiten Mode an, wird ein Frequenzänderung von -200 Hz anstatt nach 17 Iterationen bereits nach 5 Iterationen erzielt. Gleichermaßen werden nicht weiter 33 Iterationen sondern 9 Iterationen für die Verschiebung der ersten Eigenfrequenz um -200 Hz für das vorliegende Optimierungsproblem benötigt. Für die nachfolgenden Optimierungsstudien wird daher die angepasste Schrittweite verwendet.

Nach der Anpassung der Schrittweite wird die vorgeschlagene Methode auf das Plattenmodell erneut angewendet und die Moden 3, 4 und 5 als untergeordnete Moden sukzessive ergänzt. Die Ergebnisse für diese Optimierungsstudien sind der Abbildung 4.12 zu entnehmen. Nach maximal 51 Iterationen ist für jeder dieser Optimierungsprobleme ein zulässiger Entwurfsraum erreicht.

Fünf Iterationen an Strukturmodifikationen benötigt der Optimierungsprozess, damit die Eigenfrequenz der priorisierten Mode dessen Zielwert erreicht, während keine untergeordneten Eigenwerte $l_1 \in \{\emptyset\}$ berücksichtigt werden. Die Masse der originären Platte kann um $-1,7$ % relativ zur Ausgangsmasse reduziert werden. Der Einfluss der Ergänzung der zweite, untergeordneten Mode zum Optimierungsproblem ist im vorherigen Absatz beleuchtet worden.

Inkludiert man die zweite und dritte Mode $l_3 \in \{2, 3\}$ als untergeordnete Eigenwerte im Optimierungsproblem, entsteht eine Oszillation des Optimierungsproblems, indem zuerst die Frequenz des priorisierten Eigenwerts in Richtung dessen Zielwerts reduziert wird, aber nach 11 Iterationen dessen Ausgangswert wieder annimmt. Allerdings wird die priorisierte Eigenfrequenz nach mehr als 20 Iterationen mit erheblich großen Frequenzänderungen pro Iteration verringert und erreicht nach insgesamt 29 Iterationen dessen Zielwert. Sechs weitere Iterationen an Strukturanpassung werden benötigt, um die zulässige Frequenzänderung von maximal $\pm$ 30 Hz für die untergeordneten Moden zwei und drei mit einer modifizierten Plattenstruktur von +13,4 % zusätzlicher Masse zu erzielen.

Unter weiterer Berücksichtigung der Mode 4 mit $l_4 \in \{2, 3, 4\}$ wird überwiegend die Eigenfrequenz der ersten, priorisierten Mode gesenkt und führt zum Erreichen des zulässigen Entwurfsraums nach 39 Iterationen. Bereits nach 24 Iterationen erreicht die priorisierte Eigenfrequenz den Zielwert von -200 Hz Frequenzänderung relativ zu dessen Ausgangswert. Weitere 15 Iterationen werden benötigt, damit durch gezielte Strukturmodifikationen die Frequenzänderungen der untergeordneten Eigenwerte zwei bis vier reduziert werden. Eine finale Struktur mit +15,5 %

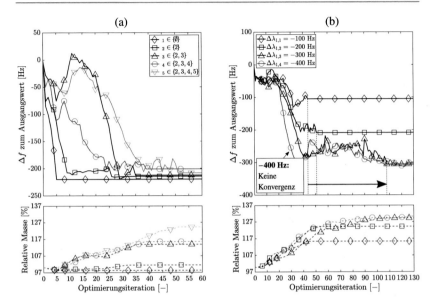

Abb. 4.12 Senken der ersten Eigenfrequenz. **a** Unter Berücksichtigung verschiedener untergeordneter Eigenwerte mit $\Delta\lambda_1 = -200$ Hz. **b** Mit verschieden hohem Zielwert $\Delta\lambda_1 = [-100$ Hz, -200 Hz, -300 Hz, -400 Hz] für die erste Eigenfrequenz mit $l_5 \in \{2, 3, 4, 5\}$ und Markierung der Verschiebung der Konvergenz der Optimierungsstudien mittels Pfeil

mehr Masse als die Ausgangsstruktur entsteht. Ergänzt man Mode 5 im Optimierungsproblem mit $l_5 \in \{2, 3, 4, 5\}$ resultiert für die priorisierte Eigenfrequenz ein ähnlicher Optimierungsverlauf wie im Fall eines Optimierungsproblems mit nur zwei untergeordneten Moden $l_3 \in \{2, 3\}$. Nach 51 Iterationen wird eine Struktur für das Plattenmodell gefunden, welches die Nebenbedingungen des Optimierungsproblems erfüllt und eine zusätzliche Masse von +24,2 % relativ zur originären Struktur aufweist.

Für die Variation der Anzahl zu berücksichtigender untergeordneter Moden im Optimierungsproblem ergeben sich jeweils die finalen Strukturen des Plattenmodells zum Erstellen eines zulässigen Entwurfsraums; siehe Abbildung 4.13. Es ist zu erkennen, dass mit $l_1 \in \{\emptyset\}$ und $l_2 \in \{2\}$ ähnliche Strukturen resultieren. Mit $l_1 \in \{\emptyset\}$ erfolgen überwiegend Strukturmodifikationen an den maximalen Amplituden der priorisierten Mode. Daher finden mit $l_2 \in \{2\}$ Strukturänderungen zur Reduktion der Frequenzänderung der zweiten Mode überwiegend an Bereichen auf der Struktur statt, die für die erste Mode weniger sensitiv sind. Als Ergebnis

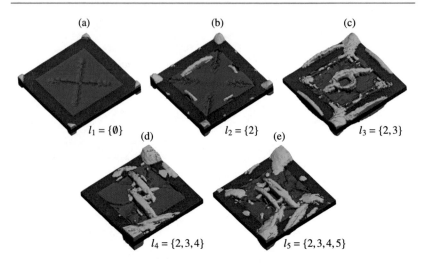

Abb. 4.13 Finale Strukturen für das Senken der ersten Eigenfrequenz um 200 Hz. **a** Keine untergeordneten Moden. **b** Mit untergeordneter Mode 2. **c** Mit untergeordneten Moden 2 und 3. **d** Mit untergeordneten Moden 2 bis 4. **e** Mit untergeordneten Moden 2 bis 5

lassen sich gleiche Stellen der Materialanlagerung und Materialentfernung für $l_1 \in \{\emptyset\}$ und $l_2 \in \{2\}$ zur Verschiebung der ersten Eigenfrequenz wiederfinden. Ähnlich dazu verhalten sich die Optimierungsprobleme mit $l_4 \in \{2, 3, 4\}$ und $l_5 \in \{2, 3, 4, 5\}$, weshalb auch für diese beiden Optimierungsprobleme ähnliche finale Strukturen entstehen. Anders verhält sich das Optimierungsproblem mit den zwei untergeordneten Moden zwei und drei für $l_3 \in \{2, 3\}$. Hier lassen sich die Strukturmodifikationen zur Verschiebung der priorisierten, ersten Eigenfrequenz nicht weiter eindeutig erkennen.

Die Analyse des detaillierten Optimierungsverlaufs für $l_3 \in \{2, 3\}$ und $l_5 \in \{2, 3, 4, 5\}$ gibt Aufschluss über die Probleme in der autarken Frequenzverschiebung der priorisierten, ersten Eigenfrequenz; siehe Abbildung 4.14. Unter Berücksichtigung der untergeordneten Moden zwei und drei für $l_3 \in \{2, 3\}$ zeigt der Optimierungsverlauf eine ähnliche Sensitivität der zwei untergeordneten Moden und der priorisierten Mode auf strukturelle Änderungen für die ersten 24 Optimierungsiterationen. Ein autarke Frequenzverschiebung des ersten Eigenwerts ist vorerst nicht möglich, da die Berücksichtigung der dritten Mode in den Gütefunktionen zu einer starken Verschiebung der niedrigsten Pseudo-Sensitivitäten auf der Plattenstruktur generiert. Damit findet die Materialänderung an Bereichen statt, welche nicht an den

maximalen Amplituden der priorisierten, ersten Moden lokalisiert sind. Mit voran-
schreitendem Optimierungsprozess finden auch Strukturänderungen in der Nähe
der maximalen Amplituden der priorisierten Mode statt, während gleichzeitig die
zweite und dritte Mode an diesen Bereichen eine geringere Sensitivität aufweisen. Ab der 24. Iteration wird daher die erste Eigenfrequenz überwiegend autark
zu dessen Zielwert verschoben. Den überwiegenden Einfluss zur Änderung der
priorisierten Eigenfrequenz haben hier die Materialanlagerungen auf Basis der Verschiebungsamplituden mit der Gütefunktion in Gleichung 4.5. Gleichzeitig ist die
Materialreduktion anhand der Dehnungsamplituden zur Reduktion der priorisierten
Eigenfrequenz durch das Verhindern der Bildung von Löchern nicht weiter möglich.

Betrachtet man das Optimierungsproblem mit insgesamt fünf Moden für $l_5 \in$
$\{2, 3, 4, 5\}$ ist eine hohe Frequenzänderung des untergeordneten, dritten Eigenwerts
festzustellen, während die priorisierte, erste Eigenfrequenz nur geringfügig verändert wird. Bei diesem Optimierungsproblem wird der hohe Einfluss der Massennormierung der untergeordneten Moden in den beiden Gütefunktionen ersichtlich. Für
die Moden zwei und drei liegen die generalisierte Massen von 0,96 kg und 0,59 kg
vor. Mit Berücksichtigung der vierten und fünften Moden werden zwei Doppelmoden mit sehr kleinen generalisierten Massen von jeweils 0,34 kg in der Berechnung
der beiden Gütefunktionen in Gleichung 4.5 und Gleichung 4.6 berücksichtigt. Nach
Abschnitt 4.2 bestimmen vorwiegend die Moden mit den kleinsten generalisierten
Massen und hoher Ähnlichkeit zur priorisierten Mode die Minima der Minuenden
der beiden Gütefunktionen und legen damit überwiegend die Bereiche mit den niedrigsten Pseudo-Sensitivitäten fest. Der Einfluss der dritten Mode auf die Minuenden
der beiden Gütefunktionen wird erheblich reduziert.

Der Einfachheit halber wird nur eine der zwei Doppelmoden für die folgenden Untersuchungen im Optimierungsproblem berücksichtigt. Auch für die Menge
$l_4 \in \{2, 3, 4\}$ an untergeordneten Moden im Optimierungsproblem lässt sich die
größere Verschiebung der dritten Frequenz beobachten; siehe Abbildung 4.15. Zu
Beginn des Optimierungsverlauf wird vermehrt Material an den hohen Amplituden
der dritten Mode verändert, wodurch dessen Eigenfrequenz erkennbar verschoben
wird. Der dritte Eigenwert wird zum kritischen Eigenwert $\lambda_{\mathrm{krit,neg}}$ für welchen
strukturelle Modifikationen durchgeführt werden, um dessen Frequenzänderung zu
reduzieren. Allerdings wirken diese Strukturmodifikationen für $\lambda_{\mathrm{krit,neg}}$ den strukturellen Änderung für den ersten, priorisierten Eigenwert entgegen, weshalb die
Eigenfrequenz der priorisierten Mode kaum Frequenzänderung aufweist. Ab Iteration 18 zeigt der priorisierte, erste Eigenwert eine hohe Sensitivität auf die voranschreitende strukturelle Anpassung der Platte durch die iterative Reduktion von
dessen Eigenfrequenz, infolge eines zulässigen dritten Eigenwerts. Die Strukturmodifikationen erfolgen maßgeblich zur Verschiebung der priorisierten Eigenfre-

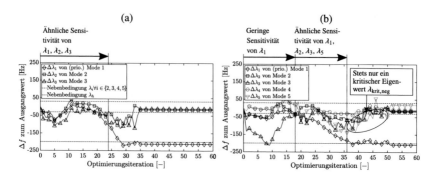

Abb. 4.14 Änderung der Eigenwerte des modalen Unterraums zum Senken der ersten Eigenfrequenz um 200 Hz **a** mit konstant zu haltenden Eigenwerten 2 und 3 $l_3 \in \{2, 3\}$ oder **b** mit Berücksichtigung der ersten fünf Moden $l_5 \in \{2, 3, 4, 5\}$

quenz, welche mit voranschreitender struktureller Änderung nun weniger abhängig zur dritten Eigenfrequenz variiert werden kann. Allerdings kann die erste Eigenfrequenz nicht vollständig autark zu den anderen Eigenwerten verändert werden. Beim Erreichen der Zielfrequenz für die erste Mode nach 38 Iterationen zeigt die vierte Mode als kritischer Eigenwert $\lambda_{krit,neg}$ die höchste Frequenzabweichung zu dessen Ausgangswert mit einem Wert von $-112{,}20$ Hz. Ab Iteration 38 bestimmen die untergeordneten Eigenwerte maßgeblich die strukturelle Veränderung der Platte, damit dessen Frequenzänderung reduziert wird. Durch das iterative Anwenden der beiden Gütefunktionen für den jeweils kritischen Eigenwert $\lambda_{krit,neg}$ werden weitere 17 Optimierungsiterationen benötigt, damit die Frequenzverschiebung aller untergeordneten Moden die Nebenbedingung des Optimierungsproblems erfüllen und einen zulässigen Entwurfsraum erzeugen. Während dieser 17 Iterationen wird die priorisierte Eigenfrequenz gelegentlich unzulässig, weshalb geringfügige strukturelle Änderungen auf Basis des gewählten Start-Basiswerts durchgeführt werden und die Frequenz des priorisierten Eigenwert erneut zu dessen Zielwert bringen. Allerdings führen die Modifikationen für den priorisierten Eigenwert zu einem langen Optimierungsverlauf, weil die Verschiebung der priorisierten Frequenz Vorrang vor der Änderung der untergeordneten Eigenwerte hat. In Tabelle 4.2 wird dieser „Vorrang" durch das Verhältnis der Basisraten beschrieben. Demzufolge dürfen die Basisraten der untergeordneten Eigenwerte nicht mehr als 60 % des aktuellen Basiswerts des priorisierten, unzulässigen Eigenwerts betragen.

Die entwickelte Methode bietet die Möglichkeit über die Gewichtung der Eigenwerte in den Gütefunktionen bestimmte Moden zu exkludieren: Der Gewichtungs-

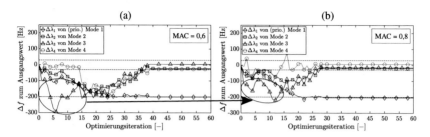

Abb. 4.15 Senken der ersten Eigenfrequenz um 200 Hz mit drei untergeordneten Moden $l_4 \in \{2, 3, 4\}$ und variablen MAC-Grenzwert für die Gewichtung in den Gütefunktionen. **a** MAC = 0,60. **b** MAC = 0,80

faktor $w_{i,u}$ bzw. $w_{i,\varepsilon}$ von Eigenformen mit einer geringen Ähnlichkeit zur Mode der zu verschiebenden Frequenz wird auf Null gesetzt. Ein Anheben des MAC-Grenzwerts von initial 0,60 auf 0,80 bewirkt, dass die Gewichtungsfaktoren der Moden 4 und 5 auf Null gesetzt werden und diese Moden nicht weiter in den Gütefunktionen des priorisierten Eigenwerts berücksichtigt werden. Damit führt ein höherer MAC-Grenzwert zu geringeren Frequenzänderungen der dritten Mode infolge der Frequenzverschiebung der ersten, priorisierten Mode. Zudem wird die Eigenfrequenz des jeweils kritischen Eigenwerts $\lambda_{\text{krit,neg}}$ mit einer größeren Frequenzänderung pro Iteration zu dessen Zielwert verändert. Mit der Anpassung der Gewichtung der Moden in den Gütefunktionen wird eine zulässige Struktur bereits 10 Iterationen früher erreicht. Allerdings ist zu beachten, dass ein zu großer MAC-Grenzwert für die Gewichtung der Moden zu viele untergeordnete Eigenwerte aus den Gütefunktionen ausschließt. Wie Abbildung 4.15 zeigt, ist der Optimierungs-verlauf sehr sensitiv bzgl. dieses Parameters.

Eine weitere Variation des Optimierungsproblems ist ein unterschiedlich hoher Zielwert der Frequenzreduktion des priorisierten Eigenwerts zu sehen. In Abbildung 4.12 sind die Optimierungsverläufe der priorisierten Eigenfrequenz für ein geforderte Frequenzänderung von -100 Hz bis -400 Hz dargestellt. Ab einer Frequenzreduktion von 300 Hz findet die entwickelte Methode keine zulässige Struktur. Die Strukturmodifikation wird begrenzt durch die Entwurfsraumgrenzen, wodurch kaum Materialanlagerung und -entfernung an hohen Amplituden der priorisierten Mode möglich ist. Damit konvergiert die zu erreichende Frequenzverschiebung für das vorliegende Plattenmodell gegen einen Grenzwert zwischen -300 Hz und -400 Hz. Zudem ist festzustellen, dass bereits für eine geforderte Frequenzände-rung von -300 Hz für die priorisierte Mode insgesamt 121 Optimierungsiterationen benötigt werden. Es entstehen große Änderungen der untergeordneten Frequen-

(a)   (b)   (c)

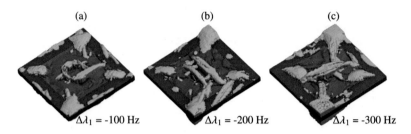

$\Delta\lambda_1 = -100$ Hz $\Delta\lambda_1 = -200$ Hz $\Delta\lambda_1 = -300$ Hz

Abb. 4.16 Finale Strukturen für das Senken der ersten Eigenfrequenz mit $l_5 \in \{2, 3, 4, 5\}$. **a** 100 Hz. **b** 200 Hz. **c** 300 Hz

zen zum Erreichen der hohen Zielfrequenzänderung des priorisierten Eigenwerts. Erhebliche strukturelle Anpassungen werden durchgeführt, damit die untergeordneten, kritischen Eigenwerte zu deren Ausgangswert gebracht werden können; siehe Abbildung 4.16. Diese Strukturmodifikationen führen jedoch zu einer Reduktion der erreichten Frequenzänderung des priorisierten Eigenwerts. Es resultiert eine mit größer werdendem Zielwert der Frequenzänderung zunehmende Oszillation in der dynamischen Systemantwort während des Optimierungsverlaufs.

Neben der Reduktion einer priorisierten Eigenfrequenz muss auch das Anheben dieser priorisierten Eigenfrequenz zur Vermeidung einer dynamischen Flatter-Instabilität möglich sein. Damit kann der Frequenzabstand von koppelnden Eigenwerten auf zwei Wegen vergrößert werden: Entweder wird der Eigenwert mit der höheren Frequenz zu größeren Frequenzwerten verschoben, oder die Eigenfrequenz des anderen, gekoppelten Eigenwerts wird reduziert. Im Vergleich zur Reduktion des priorisierten Eigenfrequenz werden die Gütefunktionen zur Identifikation zu entfernender und anzulagernder Voxel für das Anheben dieser Frequenz getauscht. Für das Anheben der priorisierten Frequenz um +200 Hz mit variabel vielen untergeordneten Eigenwerten resultieren die Optimierungsverläufe in Abbildung 4.17. Eine autarke Frequenzverschiebung des ersten Eigenwerts zu größeren Frequenzwerten ist beim Plattenmodell mit erheblich weniger Optimierungsiterationen und geringerem strukturellem Aufwand umsetzbar, als wenn dessen Frequenz reduziert werden soll.

Werden untergeordnete Moden im Optimierungsproblem berücksichtigt, wie die zweite Mode $l_2 \in \{2\}$ oder die zweite und dritte Mode $l_3 \in \{2, 3\}$, führt dies zu einer Reduktion des priorisierten Eigenwerts für die ersten Optimierungsiterationen. Ähnlich zur Reduktion der priorisierten, ersten Frequenz erzeugen die zweite und dritte Mode eine starke Verschiebung der niedrigsten Pseudo-Sensitivitäten weg von den höchsten Amplituden der priorisierten Mode; vgl. Abbildung 4.18 für die

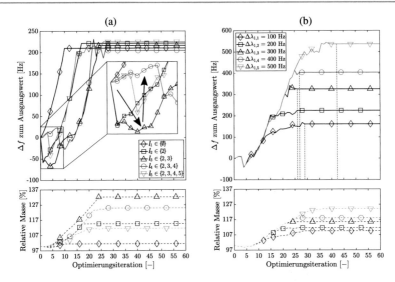

Abb. 4.17 Anheben der ersten Eigenfrequenz. **a** Unter Berücksichtigung verschiedener untergeordneter Eigenwerte mit $\Delta\lambda_1 = 200$ Hz. **b** Mit verschieden hohem Zielwert für die erste Eigenfrequenz mit $l_5 \in \{2, 3, 4, 5\}$

Strukturmodifikation und Anhang Kapitel C.1 im elektronischen Zusatzmaterial für die Visualisierung der Eigenformen. Materialanlagerungen finden vorwiegend an den Rändern des veränderbaren Entwurfsraums und weniger in der Mitte der Platte statt. Erst mit der voranschreitenden Strukturmodifikation lässt sich eine Frequenzänderung des priorisierten Eigenwerts zu dessen Zielwert feststellen: Die beiden Gütefunktionen identifizieren für λ_1 vermehrt Bereiche zur Strukturmodifikation, welche nahe an den maximalen Amplituden dieser priorisierten Mode liegen. Unter Berücksichtigung der vierten Mode mit $l_4 \in \{2, 3, 4\}$ wird aufgrund der Massennormierung erneut die hohe Ähnlichkeit der ersten und dritten Mode in der Berechnung der Gütefunktionen weniger beachtet. Daher finden Strukturmodifikationen wieder überwiegend an den maximalen Amplituden der ersten Mode in der Mitte der Platte statt. Die erste Frequenz wird bereits zu Beginn zu höheren Werten verändert. Allerdings führt die geringe Beteiligung der dritten Mode in den Gütefunktionen zu einer größeren Verschiebung von dessen Frequenz. Um die Frequenzänderung der kritischen, untergeordneten Mode drei wieder zu senken, werden insgesamt 30 Optimierungsiterationen benötigt. Die Materialanlagerung steigt überproportional zur Materialreduktion, weshalb die finale Struktur der

Platte eine höhere Masse von +25,03 %, relativ zur Ausgangsmasse, aufweist. Wird die fünfte Mode dem Optimierungsproblem mit $l_5 \in \{2, 3, 4, 5\}$ hinzugefügt, wird eine zulässige Struktur ähnlich schnell wie im Optimierungsproblem mit nur einer untergeordneten Mode von $l_2 \in \{2\}$ erreicht. Die finale Struktur der Platte ist annähernd achsensymmetrisch und weist eine um +11,63 % höhere Masse in Bezug zur Ausgangsstruktur auf.

Man könnte vermuten, dass die finalen Strukturen eine Materialanlagerung zum autarken Anheben der ersten Frequenz aufweist, wo eine Materialreduktion zur autarken Verkleinerung der priorisierten Eigenfrequenz durchgeführt worden ist. Allerdings ist die Bildung von Löchern nicht gestattet. Daher wird kein weiteres Material beim Erreichen der Entwurfsraumgrenzen entfernt. Demzufolge ähneln sich die finalen Strukturen zum Anheben und Senken der priorisierten Eigenfrequenz kaum bis geringfügig; vgl. Abbildung 4.13 und Abbildung 4.18. Umso mehr untergeordnete Moden im Optimierungsproblem berücksichtigt werden, desto verschiedener sind die finalen Strukturen zur autarken Frequenzverschiebung bzgl. dem Anheben und Reduzieren der ersten Frequenz.

Die zwei Optimierungsstudien zum Anheben der ersten Eigenfrequenz mit den meisten Iterationen sind in Abbildung 4.19 für $l_3 \in \{2, 3\}$ und $l_5 \in \{2, 3, 4, 5\}$

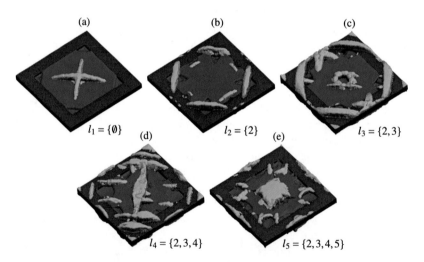

Abb. 4.18 Finale Strukturen für das Anheben der ersten Eigenfrequenz um 200 Hz. **a** Keine untergeordneten Moden. **b** Mit untergeordneter Mode 2. **c** Mit untergeordneten Moden 2 und 3. **d** Mit untergeordneten Moden 2 bis 4. **e** Mit untergeordneten Moden 2 bis 5

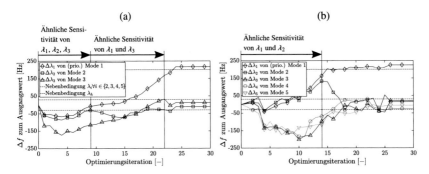

Abb. 4.19 Anheben der ersten Eigenfrequenz um 200 Hz **a** mit konstant zu haltenden Eigenwerten 2 und 3 $l_3 \in \{2, 3\}$ oder **b** mit Berücksichtigung der ersten fünf Moden $l_5 \in \{2, 3, 4, 5\}$

dargestellt. Mit ausschließlich Mode zwei und drei als untergeordnete Moden für $l_3 \in \{2, 3\}$ im Optimierungsproblem sind die Frequenzänderungen von den drei Eigenwerten λ_1, λ_2 und λ_3 bis Iteration 9 annähernd gleich. Ab Iteration 10 finden Modifikationen an weniger sensitiven Bereichen der Mode zwei statt und die Frequenz steigt nicht weiter an. Es werden 12 weitere Iterationen an Strukturanpassungen benötigt, damit die Nebenbedingungen der untergeordneten Eigenwerte erfüllt werden. Eine autarke Frequenzverschiebung des ersten Eigenwerts ist für dieses Beispiel ab 22 Iterationen wiederzufinden. Nach insgesamt 24 Iterationen wird der Zielwert des priorisierten Eigenwerts erreicht, während die anderen Nebenbedingungen zulässig bleiben. Im Gegensatz dazu werden die Frequenzen der Moden drei bis fünf erheblich stark reduziert, wenn insgesamt fünf Moden im Optimierungsproblem $l_5 \in \{2, 3, 4, 5\}$ verwendet werden. Außerdem weist der Eigenwert von Mode zwei bis Iteration 14 eine gleiche Sensitivität und Frequenzänderung wie die priorisierte, erste Eigenfrequenz auf. Für die untergeordneten, kritischen Eigenwerte werden die Frequenzänderungen der Mode zwei mit $\lambda_{\text{krit,pos}}$ und der Eigenwerte drei bis fünf mit $\lambda_{\text{krit,neg}}$ ab Iteration 15 gleichzeitig reduziert. Infolge der seriellen Auswertung der Gütefunktionen werden die Frequenzänderungen der Moden drei bis fünf alternierend gesenkt.

Im Vergleich zur Reduktion des priorisierten Eigenwerts wird beim Anheben der ersten Eigenfrequenz ein höherer, absoluter Zielwert erreicht. Für unterschiedlich hohe Zielwerte von +100 Hz bis +500 Hz und vier untergeordneten Moden im Optimierungsproblem $l_5 \in \{2, 3, 4, 5\}$ wird jeweils eine zulässige Struktur nach maximal 43 Iterationen gefunden. Die Anzahl an Iterationen zum Erreichen einer zulässigen Struktur ist für Zielwerte kleiner als +500 Hz fast unabhängig zum gewählten Zielwert. Es finden erneut keine Oszillationen mittels der zielführenden Variation der Basisraten durch die Schrittweitensteuerung statt. Die finalen Strukturen der Platte weisen für unterschiedliche hohe Zielwerte eine große Ähnlichkeit auf. Infolge eines größeren Zielwerts werden Strukturelemente auf der Platte durch Materialanlagerung zum Anstieg der Steifigkeit an hohen Dehnungsamplituden kontinuierlich weiter vergrößert. Damit ist die maximale Versteifung und damit einhergehend die maximal zu erreichende Frequenzzunahme des priorisierten Eigenwerts überwiegend abhängig von der Höhe des Entwurfsraums. Gleichzeitig dringt die Materialanlagerung mit größer werdendem Zielwert in Bereiche vor, welche hohe Verschiebungsamplituden der priorisierten Mode aufweisen und deshalb mehr zur Reduktion des priorisierten Eigenwerts beitragen. In Abbildung 4.17 ist dieser Einfluss der voranschreitenden Materialanlagerung durch einen Optimierungsverlauf mit den meisten Iterationen und einer geringen Änderung der priorisierten Frequenz um dessen Zielwert gekennzeichnet (Abbildung 4.20).

Anhand der Platte ohne Lochbildung ist gezeigt worden, dass maßgeblich durch Materialanlagerung die Eigenfrequenz eines kritischen Eigenwerts auf einen Zielwert zu größeren oder kleineren Frequenzwerten gebracht werden kann. Die gewählte Richtung der Frequenzverschiebung des kritischen Eigenwerts bedingt die Wahl der Gütefunktion zur Materialanlagerung, welche in diesem Beispiel überwie-

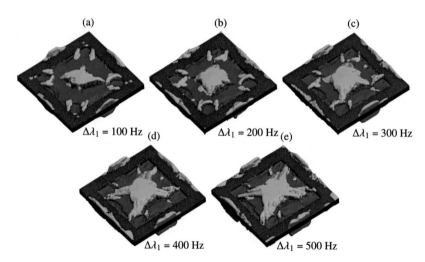

Abb. 4.20 Finale Strukturen für das Anheben der ersten Eigenfrequenz mit $l_5 \in \{2, 3, 4, 5\}$ um **a** 100 Hz, **b** 200 Hz, **c** 300 Hz, **d** 400 Hz oder **e** 500 Hz

gend die beschriebenen Frequenzänderungen erzielt. Daher werden im Folgenden Hohlräume und Löcher während des Optimierungsverlaufs zugelassen, um zusätzlich durch Materialentfernung die geforderten Zielwerte der kritischen Eigenwerte zu erreichen.

4.4.3 Erzeugen von Hohlräumen und Löchern

Es werden zwei Optimierungsprobleme mit einem Zielwert von +200 Hz bzw. −200 Hz für die priorisierte, erste Eigenfrequenz und einer maximalen Frequenzabweichung von ±30 Hz für die vier untergeordneten Moden mit $l_5 \in \{2, 3, 4, 5\}$ betrachtet. Mit dem Zulassen von Hohlräumen werden Voxel innerhalb des veränderbaren Entwurfsraums des Startentwurfs sichtbar, wodurch den Gütefunktionen mehr Freiheitsgrade zur Verfügung stehen. Folglich wird die Eindringtiefe nicht weiter berücksichtigt. Unter Berücksichtigung der Strukturverbundenheit können Voxel ab jetzt immer entfernt werden, wenn diese durch eine Gütefunktion zur Materialentfernung identifiziert worden sind. Auf Basis der Untersuchungen des letzten Kapitels für einen zunehmenden Basiswert wird für die beiden Gütefunktionen angenommen, dass sich die Positionen von deren niedrigsten Pseudo-Sensitivitäten infolge der gestiegenen Anzahl an Freiheitsgraden zunehmend unterscheiden. Des weiteren besteht die Möglichkeit eines Wechsels der Topologieklasse durch das Entstehen von Löchern. Ein Lochbildung stellt eine große Herausforderung an die Modenverfolgung dar, aufgrund der sich schlagartig verändernden Modenamplituden; siehe Abbildung 4.21 für die Doppelmoden vier und fünf. Die MAC-Werte der Moden eins bis drei sind annähernd 1 für alle Iterationen dieser Untersuchungen. Mit einem MAC-Wert von 0,80 entstehen aufgrund der Doppelmoden vier und fünf, bereits ohne die Bildung von Löchern, vier Cutbacks im Optimierungsverlauf. Eine Senkung dieses MAC-Werts auf 0,60 führt zu keinen Cutbacks. Mit den reduzierten Basiswerten der initialen Schrittweitensteuerung und dem kleineren MAC-Wert zur Modenverfolgung entstehen jedoch wieder Cutbacks, wenn Hohlräume und Löcher zugelassen werden. Eine zu große Schrittweite führt zu großen Änderungen der Modenamplituden und damit zu einer mehrfachen Ausführung der Cutback-Funktion der Modenverfolgung, wodurch ein langer Optimierungsverlauf für das Auffinden einer zulässigen Struktur benötigt wird. Aus den genannten Gründen wird von einer Erhöhung der Basiswerte für die Untersuchungen mit Lochbildung abgesehen. Es werden die initialen Werte für die Schrittweitensteuerung in den nachfolgenden Optimierungsstudien verwendet; siehe Tabelle 4.2.

Die finalen Strukturen der Platte sind für die beiden Optimierungsprobleme in Abbildung 4.22 wiedergegeben, wobei die orthogonalen Schnittansicht auf der

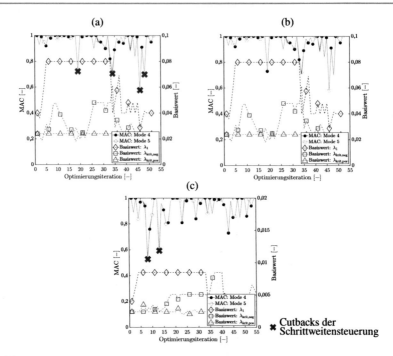

Abb. 4.21 Einfluss des gewählten MAC-Wertes in der Modenverfolgung der Schrittweiten-steuerung auf die Anzahl an Cutbacks im Optimierungsverlauf. **a** Platte ohne Lochbildung mit $\Xi_{grenz} = 0,80$. **b** Platte ohne Lochbildung mit $\Xi_{grenz} = 0,60$. **c** Platte mit Lochbildung mit $\Xi_{grenz} = 0,60$

Hälfte der Plattenlänge zur Darstellung des Hohlraums in der Plattenmitte dienen. Beide optimierten Plattenstrukturen weisen eine annähernd symmetrische Geometrie auf. Während die Platte zum Anheben der ersten Eigenfrequenz um +200 Hz achsensymmetrisch ähnlich der originären Platte ist, erzeugt die zweite Optimierungsstudie, mit einem Zielwert von −200 Hz für die erste Frequenz, eine zum Mittelpunkt der Platte punktsymmetrische Struktur. Für beide Optimierungsstudien weisen die initial vorliegenden Doppelmoden einen ähnlich hohen Eigenwert auf und werden daher wieder als Doppelmoden angenommen. Ein Vergleich der Verschiebungsamplituden der Ausgangsstruktur mit denen der modifizierten Struktur auf Basis von MAC zeigt: Beim Anheben der priorisierten Eigenfrequenz liegt der kleinste MAC-Wert der ersten drei Moden bei 0,96. Die Doppelmoden vier und fünf weisen einen Wert von 0,53 auf. Bei der Reduktion des priorisierten Eigenwerts ist

(a)   (b)

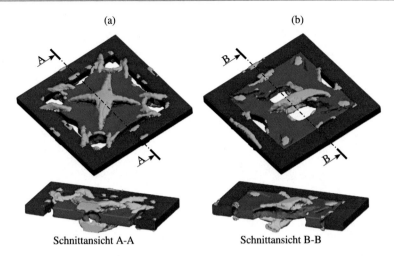

Schnittansicht A-A   Schnittansicht B-B

Abb. 4.22 Optimierte Strukturen des Plattenmodells mit Schnittansichten für Lochbildung mit $l_5 \in \{2, 3, 4, 5\}$. **a** Anheben um 200 Hz. **b** Senken um 200 Hz

der kleinste MAC-Wert 0,89 für die Moden eins bis drei und 0,55 für die Moden vier bis fünf. Für beide Optimierungsstudien ist eine hohe Ähnlichkeit der räumlich verteilten Amplituden der ersten drei Moden zu verzeichnen. Hingegen besteht für die vierte und fünfte Mode des modifizierten Bauteils kaum eine Ähnlichkeit zu den Doppelmoden der ursprünglichen Platte.

In Abbildung 4.23 sind die Frequenzänderungen für die zwei definierten Optimierungsprobleme dargestellt. Für das Senken der ersten Frequenz wird eine zulässige Struktur nach 125 Iterationen gefunden. Die autarke Frequenzverschiebung der ersten Moden zu einem höheren Zielwert benötigt knapp die Hälfte an Iterationen. In den ersten Optimierungsiterationen bilden sich bei beiden Optimierungsverläufen Hohlräume aus. Größer werdende Hohlräume erzeugen Löcher nach dem Erreichen der Oberfläche der Platte. Die Löcher führen zu starken Frequenzänderungen der Moden des Optimierungsproblems. Beim Anheben der ersten Frequenz werden die Doppelmoden vier und fünf durch die Strukturänderung am größten zu kleineren Frequenzwerten verändert. Demgegenüber wird die Frequenz des dritten Eigenwerts durch Strukturmodifikationen größer verringert, wenn die erste Frequenz um 200 Hz reduziert werden soll. In den Optimierungsverläufen sind keine großartigen Oszillationen in der dynamischen Systemantwort festzustellen. Ab der Hälfte des jeweiligen Optimierungsverlaufs können die untergeordneten Frequenzen iterativ zu deren Zielwert durch gezielte Strukturmodifikationen gebracht werden.

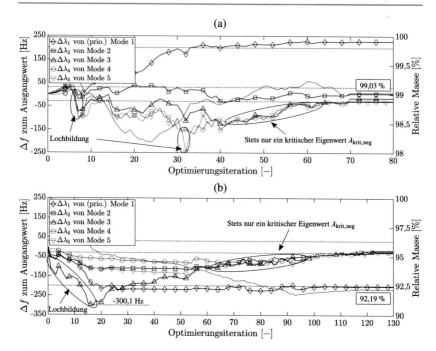

Abb. 4.23 Optimierungsverläufe für das Plattenmodell mit Lochbildung und den ersten fünf Moden $l_5 \in \{2, 3, 4, 5\}$. **a** Anheben der ersten Eigenfrequenz um 200 Hz. **b** Senken der ersten Eigenfrequenz um 200 Hz

Mit der Bildung von Löchern wird die geforderte autarke Frequenzänderung für den priorisierten Eigenwert überwiegend durch Massenentfernung erreicht, weshalb die optimierten Plattenmodelle knapp 1, 0 % und 7, 8 % weniger Masse als die Ausgangsstruktur aufweisen.

Aufgrund dem geometrisch einfachen Aufbau der Platte kann das Entstehen von Löchern durch Materialentfernung anhand des analytischen Modells einer Kirchhoff-Love-Platte näher beleuchtet werden. Die Plattentheorie besagt für dünnwandige Platten, dass eine Biegung oder eine Verdrehung zu einer neutralen Faser in der Platte führt [160]. In der neutralen Faser führen äußere Belastungen zu keinen Beanspruchungen in der Platte, weshalb dort die Dehnungen und Spannungen gleich Null sind [160]. Für ein isotropes, homogenes Materialverhalten liegt die neutrale Faser geometrisch im Schwerpunkt der Querschnittsfläche der Platte [160]. In der FEM führt eine Belastung durch den Poisson-Effekt stets zu einer bi-axialen

Verformung der Elemente [161]. Daher liegt die neutrale Faser nicht im geometrischen Schwerpunkt, allerdings in dessen unmittelbaren Umgebung [162]. Des weiteren wird die Querschnittsfläche der Platte in LEOPARD durch Voxel mit linearer Formfunktion approximiert. Damit enthalten bestimmte Voxel die neutrale Faser. Infolge der Mittlung der Dehnungen jedes Voxel auf Basis dessen Elementknoten in Abschnitt 4.2 ist die Dehnung dieser Voxel für die Gütefunktionen nie exakt Null. Jedoch sind die kleinsten Dehnungen einer Mode vorwiegend an denen Voxel wiederzufinden, welche die neutrale Faser beinhalten. Zum Senken der Frequenz eines kritischen Eigenwerts werden somit Voxel im Inneren der Platte durch die Gütefunktion in Gleichung 4.6 identifiziert und durch LEOPARD entfernt. Wird eine Frequenz durch Materialentfernung zu dessen Zielwert reduziert, entstehen Löcher durch Hohlräume.

Eine neutrale Faser existiert für die Verschiebungen nicht [161]. Daher sind die Verschiebungsamplituden über der Querschnittsfläche annähernd konstant. Der Poisson-Effekt führt auch hier wieder zu einer geringen Varianz der Verschiebungen entlang des Querschnitts. Damit werden Voxel im Inneren der Platte nicht zwangsläufig zur Materialentfernung durch die Gütefunktion in Gleichung 4.5 identifiziert, um die Frequenz eines kritischen Eigenwerts anzuheben. Ferner führt die Anwendung des Sensitivitätsfilters zur Extrapolation der niedrigsten Pseudo-Sensitivitäten auf die Oberfläche der Struktur. Wie die Optimierungsverläufe in Abbildung 4.23 zeigen, werden viel mehr Iterationen für die Bildung von Löcher benötigt, wenn die erste Frequenz angehoben anstatt gesenkt wird. Löcher werden demzufolge vorwiegend durch das voranschreitende Entfernen von Voxel an der Oberfläche generiert. Die Entstehung von Löcher unterscheidet sich demzufolge in Abhängigkeit zur verwendeten Gütefunktion für die Materialentfernung.

Die Optimierungsstudien an der geometrisch einfachen Platte zeigen ein hohes Potential der entwickelten Methode in der autarken Frequenzverschiebung eines priorisierten Eigenwerts. Allerdings werden viele Iterationen und große strukturelle Modifikationen benötigt, um eine zulässige Struktur für die jeweiligen Optimierungsprobleme aufzufinden. Vorwiegend werden die hohe Ähnlichkeit der Eigenformen der ersten drei Eigenwerte und die schwierige Modenverfolgung der Doppelmoden vier und fünf für die langen Optimierungsverläufe verantwortlich gemacht. Gleichermaßen beschränkt der Aufbau des Optimierungsmodells der Platte eine größere Materialentfernung. Die Bildung von Löchern erschwert weiter die Modenverfolgung. Zudem ist eine geometrisch einfache Struktur, wie die Platte, kaum als Bauteil im Fahrwerk zu finden. Lediglich Strukturelemente von bestimmten Bremsenbauteilen, als auch die Bremsscheibe, weisen eine ähnlich einfache Geometrie mit vielen Symmetrieebenen auf; siehe Abbildung 5.1 des Abschnitts 5.1. Die Bremsscheibe kann in dieser Arbeit jedoch nicht zur Vermeidung einer Flatter-

Instabilität optimiert werden, da keine Symmetriebedingungen in der entwickelten Methode berücksichtigt werden. Ohne Symmetriebedingungen werden Konstruktionsbedingungen an die Bremsscheibe, wie die Vermeidung einer Unwucht, nicht erfüllt. Der Literatur können viele, sehr effiziente Methoden für die Optimierung einer Bremsscheibe entnommen werden [39, 41]. An ausgewählten dynamischen Flatter-Instabilitäten partizipiert der Bremssattel infolge großer Schwingungsamplituden auf dessen Struktur [50, 51, 55]. Mit der Verschiebung einer bestimmten Frequenz des Bremssattels kann demzufolge eine dynamischen Flatter-Instabilität vermieden werden [50, 55, 163]. Deshalb wird der Bremssattel, als stellvertretendes Beispiel für ein geometrisch aufwendiges Bauteil, für eine Eigenfrequenzoptimierung mit der entwickelten Methode im folgenden Kapitel genutzt.

4.5   Modale Manipulation eines Bremssattelmodells

Ein realer Bremssattel wird als Simulationsmodell erstellt. Hierfür wird zuerst die Oberfläche der Struktur durch ein Oberflächen-Rechengitter mit Dreieckselementen (*Tria-Rechengitter*) beschrieben. Anschließend wird auf Basis der aufgespannten Hüllfläche ein Volumen-Rechengitter, bestehend aus modifizierten Tetraeder-Elementen zweiter Formfunktion (C3D10M), generiert; siehe Abbildung 4.24. Das erzeugte Simulationsmodell wird als Referenzmodell genutzt. Aus dem Tria-Oberflächen-Rechengitter werden vier weitere Simulationsmodelle für die Strukturoptimierung generiert, welche aus Voxel mit einer Elementkantenlänge von 0,5 mm, 1,0 mm, 1,5 mm oder 2,0 mm bestehen. Die Frequenzen und Modenformen des Referenzmodells und der vier Optimierungsmodelle werden auf Basis der Messung an einem real-existierenden Bremssattel validiert. Die Frequenzen des realen Bremssattels sind mittels einer Frequenzübertragungsfunktion (engl.: FRF) in einer experimentellen Modalanalyse bestimmt worden; siehe Anhang Kapitel D im elektronischen Zusatzmaterial. Auf Basis des realen Werkstoffs des Bremssattels werden die Materialkenndaten von duktilen Grauguss für die Simulationsmodelle gewählt. Für das Material wird ein Young-Modul von 1,74E8 N/mm^2, eine Materialdichte von 7,10E-6 kg/mm^3 und eine Querkontraktionszahl von 0,275 verwendet [164].

Zur Berechnung der Eigenfrequenzen und Moden der Simulationsmodelle wird ABAQUS verwendet. In Tabelle 4.3 sind die Eigenfrequenzen der Simulationsmodelle und der FRF des realen Bauteils aufgeführt. Für alle fünf Simulationsmodelle sind die Eigenformen (siehe Anhang Kapitel C.2 im elektronischen Zusatzmaterial) im Abgleich zum Versuch am realen Bauteil auf Basis von MAC wiedergefunden worden; siehe Abbildung D.1 im Anhang Kapitel D im elektronischen Zusatzmaterial. Das Simulationsmodell, bestehend aus Tetraeder-Elementen, und

(a) (b) (c)

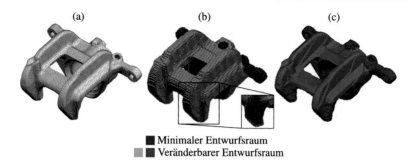

■ Minimaler Entwurfsraum
■■ Veränderbarer Entwurfsraum

Abb. 4.24 Aufbau eines Optimierungsmodells des Bremssattels. **a** Referenzmodell beste-hend finiten Tetraeder-Elementen (C3D10M). **b** Entwurfsraum mit Schnittansicht zur Darstel-lung des schichtweisen Aufbaus des Entwurfsraums mit 1,0 mm breiten Voxel. **c** Startentwurf mit geglätteten Voxel zur initialen Optimierungsiteration $z = 0$

das Optimierungsmodell mit Voxel von 0,5 mm Kantenlänge zeigen eine maximale Frequenzabweichung zum realen Bauteil von 81 Hz bzw. 70 Hz. Die Optimierungs-modelle mit Voxel bestehend aus 1,0 mm und 1,5 mm Kantenlänge weisen demge-genüber eine kleinere Frequenzabweichung zum realen Bremssattel von maximal 54 Hz bzw. 51 Hz auf. Die Frequenzen des realen Bremssattels werden folglich nicht für Voxel mit der kleinsten Elementkantenlänge von 0,5 mm erreicht. Durch LEOPARD werden immer vollständige Voxel in die Hüllfläche des Bremssattels inkludiert. Die Glättung der Oberfläche ist unabhängig von der Hüllfläche. Damit ist die Elementkantenlänge von 0,5 mm für die Voxel zur Approximation des vor-liegenden Bremssattel für die Abbildung der realen, dynamischen Systemantwort ungenügend.

An dieser Stelle wird die Masse als bisher einzig festgelegtes Gütemaß der Geo-metrieapproximation aus der vorhergehen Untersuchung am Plattenmodell näher beleuchtet. Für die geometrisch einfache Platte ist die alleinige Betrachtung der Massenänderung infolge der Voxelglättung zur Evaluierung der Güte der Approxi-mation der Plattengeometrie ausreichend. Allerdings können die Voxelgrößen für die Optimierungsmodelle so gewählt werden, dass immer eine gerade Anzahl an Voxel in der Hüllfäche der originären Platte vorliegt. Beim Bremssattel kann nicht immer eine gerade Anzahl an Voxel in die Hüllfläche von dessen Tria-Rechengitter erzeugt werden, da teils dünnwandige oder geometrisch aufwendig geformte Struk-turbereiche vorliegen. Die Masse des realen Bremssattels wird durch 2,0 mm breite Voxel besser abgebildet als durch 1,5 mm breite. Zum realen Bauteil ist allerdings die Frequenzabweichung des Optimierungsmodells mit 2,0 mm breiten Voxel fast

Tab. 4.3 Eigenfrequenzen der ersten fünf Moden des Bremssattelmodells relativ zur gewählten Elementkantenlänge der Voxel des Optimierungsmodells

Mode	EMA[a]	Referenz[b]	0,5 mm	1,0 mm	1,5 mm	2,0 mm
1	1818 Hz	1816 Hz	1826 Hz	1840 Hz	1855 Hz	1890 Hz
2	2861 Hz	2814 Hz	2828 Hz	2844 Hz	2851 Hz	2867 Hz
3	3504 Hz	3422 Hz	3434 Hz	3450 Hz	3453 Hz	3479 Hz
4	3952 Hz	3882 Hz	3904 Hz	3927 Hz	3945 Hz	4016 Hz
5	4111 Hz	4060 Hz	4093 Hz	4131 Hz	4159 Hz	4356 Hz
$\Delta f_{max}{}^c$	-	81 Hz [3]	70 Hz [3]	54 Hz [3]	51 Hz [3]	245 Hz [5]
$\Delta f_{max}{}^c$	-	2,37 % [3]	2,04 % [3]	1,56 % [3]	2,02 % [1]	5,61 % [5]
m [g]	2488,5	2477,7	2505.6	2506,4	2514,9	2511,8
t_{sim} [s][d]	-	273	39724[e]	909[e]	96	41

[a] Experimentelle Modalanalyse am real-existierenden Bauteil
[b] Bremssattel mit Tetraeder-Elementen zweiter Ansatzfunktion C3D10M
[c] Max. Frequenzunterschied zur EMA (2. Spalte) für Mode in eckigen Klammern
[d] Rechenzeit: Linux Workstation 2x Intel® Xeon® 6234, 3,3 GHz, 384 GB, 2933 MHz ECC DDR4
[e] Rechenzeit: High Performance Cluster

fünffach so hoch, wie für Voxel mit 1,5 mm großer Kantenlänge. Durch die Betrachtung der Geometrien der Optimierungsmodelle zeigt sich, dass die Geometrie des Bremssattels weniger gut durch Voxel mit 2,0 mm großer Kantenlänge als durch 1,5 mm breite Voxel approximiert wird; siehe Anhang Kapitel C.2 im elektronischen Zusatzmaterial. Der geringere Massenunterschied für 2,0 mm breite Voxel ist demzufolge ungewollt, da immer eine gerade Anzahl an Voxel in die Hüllfläche des Bremssattels eingebettet werden. Demzufolge ist die Masse der Optimierungsmodelle als Indikator ein hinreichendes, aber nicht notwendiges, Kriterium für die Abbildung der dynamischen Systemantwort durch Voxel und nur für geometrisch einfache Bauteile anzuwenden.

Betrachtet man die absolute Frequenzabweichung zum realen Bauteil und berücksichtigt die Rechenzeit, stellt das Optimierungsmodell mit einer Voxelgröße von 1,5 mm die beste Approximation des realen Bremssattels dar. Eine Elementkantenlänge von 1,5 mm der Voxel wird für die nachfolgenden Optimierungsstudien genutzt.

Zur weiteren Verifikation des ausgewählten Rechengitters bestehend aus Voxel mit 1,5 mm großer Kantenlänge werden die Entwurfsräume für die zwei Optimierungsmodelle mit 1,0 mm und 1,5 mm breite Voxel analog Abbildung 4.24 erstellt. Das Erzeugen von Löchern führt zu einer hohen lokalen Änderung der Spannungszustände im Bauteil [96]. Eine Festigkeitsanalyse des Bauteils ist nicht Bestandteil der nachfolgenden Untersuchungen. Demzufolge sollten Löcher weniger bei der Strukturanpassung des Bremssattels in der vorliegenden Arbeit favorisiert werden. Als möglicher Weg zur Vermeidung von Löchern ist der vorgeschlagene, schichtweise Aufbau der Entwurfsraumgrenzen. Die Bildung von Löchern wird durch die Definition der schichtweisen Entwurfsraumgrenzen unterbunden. Als minimaler, nicht veränderbarer Entwurfsraum (rot gefärbt) liegt eine Struktur vor, die der Form des originären Bremssattels gleicht, jedoch eine geringere Wandstärke aufweist. Der Vergleich zum Optimierungsmodell der Platte zeigt auf, dass beim Bremssattel ausschließlich nicht sichtbare Voxel zur Vermeidung von Löchern vorliegen. Ein Verlassen der Topologieklasse der Ausgangsstruktur des Bremssattels ist nur durch Anlagern von zusätzlichem Material möglich. Ein weiterer modifizierbarer Entwurfsraum (blau gefärbt) bildet zusammen mit dem minimalen, nicht-veränderbaren Entwurfsraum den Startentwurf. Der Startentwurf gleicht der originären Struktur des Bremssattels. Eine weitere Schicht eines veränderbaren Entwurfsraums (grün gefärbt) ist um den Startentwurf allokiert. Die Voxel dieses weiteren Entwurfsraums sind nicht Teil des Startentwurfs und partizipieren daher zu Beginn der Optimierung nicht an der Dynamik des Bauteils. Ähnlich wie bei der Platte wird mit der Existenz eines bereits vorliegenden Startentwurfs keine unbekannte Geometrie gesucht, sondern die bestehende Struktur iterativ angepasst.

4.5.1 Verifikation der Optimierungsmethode

Mit den definierten Entwurfsraumgrenzen wird die vorgeschlagene Optimierungsmethode mit drei unterschiedlichen Filterradien des Sensitivitätsfilters für die zwei Voxelgrößen von 1,0 mm und 1,5 mm Kantenlänge verglichen. Zur Referenzierung zum Plattenmodell wird das initiale Optimierungsproblem des Plattenmodells in Gleichung 4.15 wiederverwendet. Die erste Frequenz wird als priorisierter Eigenwert genutzt, während die Moden zwei bis fünf als untergeordnete Eigenwerte dienen. Eine weitere Motivation für die Priorisierung der ersten Mode zur Frequenzverschiebung wird im Abschnitt 4.5.2 für den Bremssattel gegeben. An dieser Stelle ist die Motivation, ein Optimierungsproblem für die Untersuchung des Einflusses der Radien des Sensitivitätsfilters und der gewählten Elementkantenlänge der Voxel auf den Optimierungsverlauf definieren zu müssen.

Die Einstellparameter der Schrittweitensteuerung werden vom Plattenmodell übernommen und geringfügig angepasst; siehe Tabelle 4.4. Die Anpassung der Basiswerte wird wie folgt begründet. Für die ersten fünf Moden sind die Verschiebungs- und Dehnungsamplituden auf der Struktur des Bremssattels viel

Tab. 4.4 Einstellparameter der Schrittweitensteuerung für das Bremssattelmodell.

Einstellparameter	Wert	Vergleich zu Plattenmodell (initialer Wert)
Start Basiswert $\tilde{v}_{start}$	0,01	$\pm\,0$
Max. Basiswert $\tilde{v}_{max}$	0,04	+0,02
Min. Basiswert $\tilde{v}_{min}$	0,0005	$\pm\,0$
Start-Basiswert (untergeordnete Moden)	$0,1\cdot\tilde{v}$	$-0,5\cdot\tilde{v}$
Max. Basiswert (untergeordnete Moden)	$0,3\cdot\tilde{v}_{max}$	$-0,3\cdot\tilde{v}_{max}$
Min. Basiswert (untergeordnete Moden)	$\tilde{v}_{min}$	$\pm\,0$
MAC (Modenverfolgung)	0,80	+0,2

mehr verteilt als bei dem Plattenmodell; vgl. der durchschnittlichen Amplituden der Moden für die sichtbaren Voxel im Anhang Kapitel C.2 im elektronischen Zusatzmaterial. Ausschließlich lokal hohe Verschiebungs- und Dehnungsamplituden sind für die ersten fünf Moden auf der Struktur des Bremssattels zu finden. Wie die Untersuchungen am Plattenmodell zeigen, werden die Eigenfrequenzen der untergeordneten Moden weniger durch eine Strukturänderung beeinflusst, wenn sich deren Modenformen von der priorisierten Modenform erheblich unterscheiden. Deshalb wird der maximale Basiswert $\tilde{v}_{max}$, als größte erlaubte Menge zu verändernder Voxel einer Iteration, für den Bremssattel doppelt so groß gewählt. Mit einem größerem Wert für $\tilde{v}_{max}$ wird beabsichtigt, den Zielwert des priorisierten Eigenwerts durch die Modifikation einer größeren Anzahl an Voxel mit weniger Iterationen zu erreichen. Zudem werden die Basiswerte der untergeordneten Moden stark reduziert, damit kleine Frequenzabweichungen zu deren Zielwerten durch minimale Anpassungen an der Struktur reduziert werden. Der MAC-Wert zur Modenverfolgung wird von 0,60 auf 0,80 angehoben, um die Modenformen während der Optimierung ausschließlich geringfügig zu verändern. Mittels des angehobenen MAC-Werts wird auf Basis des Bremssattels die Umsetzbarkeit geprüft, ob annähernd gleiche Amplitudenverläufe für die Moden des Optimierungsproblems mit jeweils angepasster Eigenfrequenz erreicht werden.

Nach Abbildung 4.25 wird mit der vorgeschlagenen Methode unabhängig von der gewählten Elementkantenlänge und Radius des Sensitivitätsfilters eine zulässige Struktur nach maximal 14 Iterationen gefunden. Für einen Filterradius von $\sqrt{2}$ wird für beide Elementkantenlängen eine zulässige Struktur am schnellsten mit 8 Optimierungsiterationen für Voxel mit 1,5 mm Kantenlänge und 11 Iterationen für 1,0 mm breite Voxel erreicht. Zwischen den verschiedenen Radien des Filters lässt

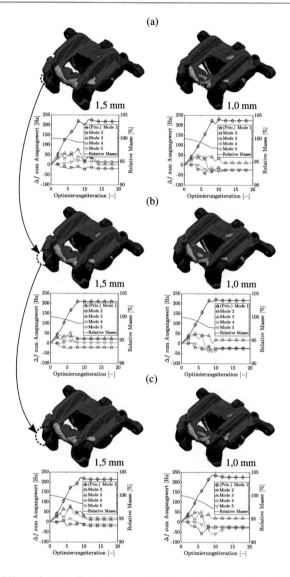

Abb. 4.25 Abhängigkeit des Optimierungsverlaufs von der Elementkantenlänge der Voxel und dem Radius des Sensitivitätsfilters. **a** Ohne Filter. **b** Filterradius = Elementkantenlänge · $\sqrt{2}$. **c** Filterradius = Elementkantenlänge · 2

sich speziell für das Optimierungsmodell mit 1,5 mm Kantenlänge strukturell ein Unterschied erkennen: Im linken, vorderen Bereich des Bremssattels wird mehr Masse mit größer werdendem Radius des Sensitivitätsfilters entfernt. Das Optimierungsmodell mit 1,0 mm Kantenlänge zeigt hingegen nur geringfügige Unterschiede in Abhängigkeit zum Filterradius sowohl in der Struktur, als auch im Optimierungsverlauf. Die Ähnlichkeit zwischen den zwei betrachteten Elementkantenlängen der Voxel in deren finalen, zulässigen Strukturen des Bremssattels steigt mit zunehmenden Radius des Sensitivitätsfilters. Gleichzeitig nimmt die Differenz in den finalen, relativen Massen zwischen den zwei betrachteten Voxelgrößen mit zunehmenden Radius des Sensitivitätsfilters ab. Bei ausgeschaltetem Sensitivitätsfilter resultiert für eine 1,5 mm große Kantenlänge eine relative Masse von 99,1 %, während für 1,0 mm Kantenlänge der Voxel die finale, relative Masse 97,9 % beträgt. Demgegenüber erzeugt ein Filterradius von zweimal der Elementkantenlänge eine optimierten Bremssattel mit 98,3 % für 1,5 mm Kantenlänge und 97,3 % für 1,0 mm Kantenlänge der Voxel. Aufgrund der Ähnlichkeit der Optimierungsergebnisse zwischen 1,0 mm und 1,5 mm breiten Voxel werden weiterhin Voxel mit einer 1,5 mm großen Kantenlänge für die nachfolgenden Optimierungsstudien verwendet.

4.5.2 Variation des Optimierungsproblems

Für die erste Untersuchung der Eigenfrequenzoptimierung wird, analog zur Platte, eine Frequenz des Optimierungsproblems um +200 Hz bzw. -200 Hz verschoben und keine weitere untergeordnete Mode berücksichtigt; siehe Abbildung 4.26. Nach maximal 5 Iterationen erreicht die jeweilige Eigenfrequenz die geforderte Frequenzänderung. Es wird ersichtlich, dass wenige Voxel für die ersten fünf Moden des Bremssattels modifiziert werden müssen, damit die geforderten Frequenzänderungen erreicht werden. Der direkte Vergleich der zulässigen Strukturen zum Anheben und Senken der jeweiligen Frequenz zeigt „invertierte" Strukturmodifikationen: Zum Verschieben einer Frequenz in eine Richtung wird Material an identifizierten Bereichen angelagert, während zur entgegensetzten Frequenzverschiebung derselben Mode an der gleichen Stelle Material entfernt werden muss. Sowohl zum Anheben als auch Senken der ersten Eigenfrequenz werden die meisten Iterationen zum Auffinden einer zulässigen Struktur benötigt. Wie bereits festgelegt, wird die erste Mode, analog der Platte, für die nachfolgenden Optimierungsstudien als priorisierter Eigenwert betrachtet.

In Abbildung 4.27 wird gezeigt, dass die Anzahl an Iterationen zum Erreichen des Zielwerts der ersten, priorisierten Frequenz annähernd unabhängig von der Anzahl an berücksichtigten, untergeordneten Moden des Optimierungsproblems ist. Aller-

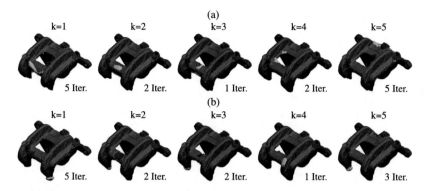

Abb. 4.26 Finale Strukturen für die Frequenzverschiebung des Eigenwerts der Mode k ohne Berücksichtigung von weiteren Eigenwerten unter Angabe der Anzahl notwendiger Iterationen bis zum Erreichen der Zielfrequenz. **a** Anheben um 200 Hz. **b** Senken um 200 Hz

dings werden die untergeordneten Frequenzen teils unterschiedlich stark verändert, weshalb die Anzahl an Iterationen bis zum Erreichen einer zulässigen Struktur in Abhängigkeit zu den jeweils berücksichtigen, untergeordneten Moden variiert. Ohne der Berücksichtigung der untergeordneten Moden im Optimierungsproblem werden deren Frequenzen bei der Verschiebung der ersten, priorisierten Frequenz erheblich verändert: λ_2 um -261 Hz, λ_3 um -435 Hz, λ_4 um -316 Hz und λ_5 um -109 Hz. Der dritte Eigenwert weist die größte Frequenzverschiebung auf.

Nimmt die zweite Mode im Optimierungsproblem mit $l_2 \in \{2\}$ die Rolle der einzigen, untergeordneten Mode an, liegt bereits nach 6 Iterationen eine zulässige Struktur vor. Die Masse wird um 1,4 % relativ zur Ausgangsmasse reduziert. Berücksichtigt man die dritte Mode als weitere untergeordnete Mode für $l_3 \in \{2, 3\}$ im Optimierungsproblem, werden zum Erreichen einer zulässigen Struktur die meisten Iterationen der aktuellen Studie benötigt. Beim erstmaligen Erreichen des Zielwerts für die erste Eigenfrequenz nach 8 Iterationen zeigt der zweite Eigenwert eine Frequenzänderung von $-102{,}8$ Hz und die dritte Frequenz ist um $-117{,}9$ Hz reduziert. Damit sind beide Eigenwerte annähernd gleich stark verändert worden. Allerdings werden deren Frequenz um mehr als 158 Hz weniger reduziert, wenn deren Eigenmoden in der entwickelten Methode als untergeordnete Moden berücksichtigt werden. In den weiteren 30 Iterationen, zur Reduktion der Frequenzänderungen der Moden zwei und drei, wird die erste Frequenz mehrfach unzulässig. Eine finale Masse von 96,6 % relativ zur Ausgangsmasse resultiert für die zulässige Struktur des Bremssattels.

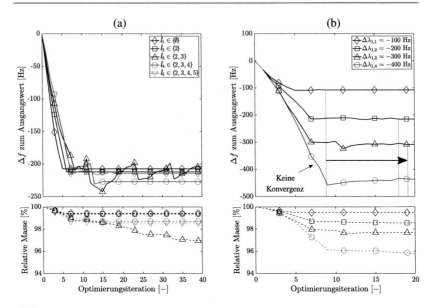

Abb. 4.27 Senken der ersten Eigenfrequenz. **a** Unter Berücksichtigung verschiedener untergeordneter Eigenwerte mit $\Delta\lambda_1$ =-200 Hz. **b** Mit verschieden hohem Zielwert für die erste Eigenfrequenz mit vier untergeordneten Eigenwerten $l_5 \in \{2, 3, 4, 5\}$

Für die vierte und fünfte Mode sind die generalisierten Massen mit 0,10 kg und 0,06 kg erheblich kleiner als die generalisieren Massen der anderen untergeordneten Moden zwei (0,22 kg) und drei (0,26 kg). Aufgrund der hohen Ähnlichkeit zur priorisierten Mode werden die Amplituden der vierten und fünften Mode in der Berechnung der Gütefunktionen des priorisierten Eigenwerts stärker gewichtet. Schließlich nimmt die dritte Mode kaum Einfluss auf die Identifikation zu modifizierender Voxel für den priorisierten Eigenwert λ_1. Es werden eher Voxel an den hohen Amplituden der priorisierten Mode zur Strukturmodifikation ermittelt; vgl. die Strukturanpassungen in Abbildung 4.28 mit der ersten Eigenform in Abbildung C.4 im Anhang Kapitel C.2 im elektronischen Zusatzmaterial. Zeitgleich werden weniger Voxel im Bereich hoher Amplituden der zweiten Mode durch die Gütefunktionen für den priorisierten Eigenwert identifiziert. Beim ersten Erreichen des Zielwerts der priorisierten, ersten Eigenfrequenz liegt deshalb für den zweiten Eigenwert eine Frequenzänderung von 32,8 Hz vor, während die dritte Eigenfrequenz um $-89,1$ Hz reduziert worden ist. Mit wenigen Strukturmodifikationen für den zweiten und dritten Eigenwert kann deren Frequenzänderungen gezielt reduziert

(a)   (b)   (c)   (d)   (e)

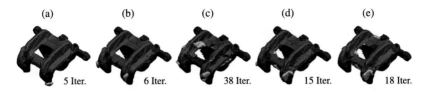

   5 Iter.   6 Iter.   38 Iter.   15 Iter.   18 Iter.

Abb. 4.28 Finale Strukturen für das Senken der ersten Eigenfrequenz um 200 Hz. **a** Keine untergeordneten Moden. **b** Mit untergeordneter Mode 2. **c** Mit untergeordneten Moden 2 und 3. **d** Mit untergeordneten Moden 2 bis 4. **e** Mit untergeordneten Moden 2 bis 5

werden. Aus diesem Grund konvergiert die entwickelte Methode bereits für wenige Iterationen, wenn die vierte mit $l_4 \in \{2, 3, 4\}$ oder zusätzlich die fünfte Mode mit $l_5 \in \{2, 3, 4, 5\}$ im Optimierungsproblem berücksichtigt werden. In Bezug zur Masse der optimierten Strukturen sinkt die Gesamtmasse anti-proportional zur Menge an untergeordneten Moden im Optimierungsproblem. Ausgenommen ist der Fall mit den zwei untergeordneten Moden zwei und drei. In diesem Fall sind, wie bereits beschrieben, viel mehr Strukturänderungen möglich, um die unterordneten Frequenzen zu deren Ausgangswerten zu schieben und demzufolge mehr Material zu entfernen.

Eine Variation des Zielwerts des priorisierten Eigenwerts zeigt auf, dass bis zu einer geforderten Frequenzverschiebung von -400 Hz für den vorliegenden Bremssattel stets eine zulässige Struktur erreicht wird; siehe Abbildung 4.27. Mit größer werdenden Abstand des Zielwerts zum Ausgangswert der priorisierten Eigenfrequenz steigt die benötigte Anzahl an Iterationen zum Erzielen der jeweils zulässigen Struktur.

Folgend wird näher betrachtet, warum ein Zielwert von -400 Hz nicht mit der entwickelten Methode am Bremssattel erreicht werden kann. In Abbildung 4.29 ist der Optimierungsverlauf für diesen Zielwert dargestellt. Während die priorisierte Eigenfrequenz den Zielwert bereits nach 9 Iterationen erreicht, können die Frequenzen der Eigenwerte zwei bis fünf seriell nicht vollständig zu deren Zielwert gebracht werden. Eine maximal mögliche Reduktion der Frequenzänderung der untergeordneten Eigenwerte auf $-132,4$ Hz wird nach 22 Iterationen durch den dritten Eigenwert erzielt. Allerdings wird von Iteration 22 zu Iteration 24 ein versteifendes Element im Frontbereich des Bremssattels entfernt, welches erheblich stark die dritte Eigenfrequenz reduziert. Die dritte Frequenz kann durch gezielte Strukturmodifikationen nach 59 weiteren Iteration auf eine Frequenzänderung von $-165,3$ Hz relativ zu dessen Ausgangswert angehoben werden. Anschließend beschränken die Entwurfsraumgrenzen die Optimierung der Struktur an den besten Bereichen zum weiteren Anstieg der stark reduzierten, untergeordneten Eigenfrequenzen. An ande-

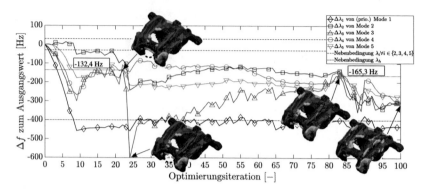

Abb. 4.29 Senken der ersten Eigenfrequenz um 400 Hz mit $l_5 \in \{2, 3, 4, 5\}$ und modifizierte Struktur des Bremssattels bei sprunghaften Frequenzänderungen

ren Stellen werden deshalb Voxel durch die Gütefunktionen identifiziert, welche zur weiteren Reduktion der untergeordneten Frequenzen beitragen. Eine zulässige Struktur kann für den geforderten Zielwert nicht mehr erreicht werden.

Die finalen Strukturen des Bremssattels zeigen eine zunehmende Strukturmodifikation infolge eines größer werdenden Abstands des Zielwerts zum Ausgangswert der ersten Eigenfrequenz; siehe Abbildung 4.30. Analog zum Zielwert von -400 Hz erreicht die Strukturmodifikation für eine geforderte Frequenzänderung der ersten Mode von -200 Hz bzw. -300 Hz lokal die Entwurfsraumgrenzen des veränderbaren Entwurfsraums, um u. a. die Bildung von Löcher zu unterbinden. An einer anderen Stelle des Bremssattels werden durch die Gütefunktionen sichtbare Voxel identifiziert und durch LEOPARD modifiziert. Die Bereiche der Materialreduktionen breiten sich Nut-förmig entlang der Oberfläche des Bremssattels aus. Materialanlagerungen sind vorwiegend am rechten „Finger" des Bremssattels und zwischen den „Fingern" zu finden.

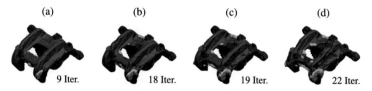

Abb. 4.30 Finale Strukturen für das Senken der ersten Eigenfrequenz für $l_5 \in \{2, 3, 4, 5\}$ um **a** 100 Hz, **b** 200 Hz, **c** 300 Hz oder **d** 400 Hz (mit unzulässiger Struktur)

Im Gegensatz zur Reduktion der ersten Eigenfrequenz benötigt die entwickelte Methode viel weniger Iterationen, um die gleiche Frequenz zu höheren Zielwerten mit einer variablen Anzahl an untergeordneten Moden zu verschieben; siehe Abbildung 4.31. Auch hier repräsentiert das Optimierungsproblem mit den zwei untergeordneten Moden zwei und drei mit $l_3 \in \{2, 3\}$ mit 14 Iterationen den aufwendigsten Optimierungsverlauf bis zum Erreichen einer zulässigen Struktur. Mit ansteigender Anzahl an untergeordneten Moden im Optimierungsproblem sinkt die relative Masse der finalen Struktur des Bremssattels. In Abbildung 4.32 sind diese finalen Strukturen abgebildet. Eine Materialanlagerung findet zwischen den Fingern des Bremssattels zur Verschiebung der ersten Eigenfrequenz statt, unabhängig von der Anzahl an untergeordneten Moden im Optimierungsproblem. Der Bereich der Materialentfernung, zur autarken Frequenzverschiebung der ersten Mode, wird durch das Berücksichtigen der zweiten Mode im Optimierungsproblem geringfügig verschoben. Zuerst wird großflächig Material an den Spitzen der Finger des Bremssattels reduziert. Anschließend werden mehrere Voxel an den seitlichen Bereichen der Finger entfernt. Über alle betrachteten Optimierungsstudien hinweg nimmt die dritte Frequenz die größte Frequenzverschiebung von +68,1 Hz für das Optimie-

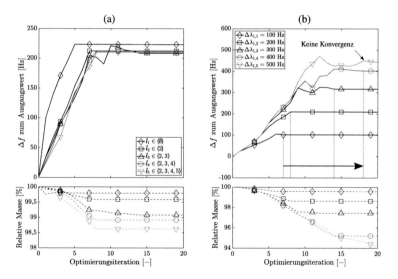

Abb. 4.31 Anheben der ersten Eigenfrequenz um 200 Hz. **a** Unter Berücksichtigung verschiedener untergeordneter Eigenwerte mit $\Delta\lambda_1 = 200$ Hz. **b** Mit verschieden hohem Zielwert für die erste Eigenfrequenz mit $l_5 \in \{2, 3, 4, 5\}$

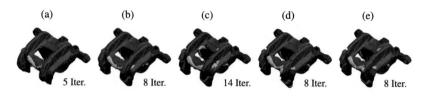

Abb. 4.32 Finale Strukturen für das Anheben der ersten Eigenfrequenz um 200 Hz. **a** Keine untergeordneten Moden. **b** Mit untergeordneter Mode 2. **c** Mit untergeordneten Moden 2 und 3. **d** Mit untergeordneten Moden 2 bis 4. **e** Mit untergeordneten Moden 2 bis 5

rungsproblem mit $l_3 \in \{2, 3\}$ an. Die vierte und fünfte Mode haben kaum Einfluss auf den Optimierungsverlauf. Deren Frequenzen werden durch die Strukturmodifikationen für die erste Frequenz kaum beeinflusst. Aufgrund der geringen Beeinflussung der untergeordneten Eigenwerte werden ausschließlich geringe Änderungen an der Struktur des Bremssattels durchgeführt, um die Änderung der untergeordneten Frequenzen zu reduzieren. Der Optimierungsverlauf ist demzufolge kaum abhängig von der Anzahl an untergeordneten Moden im Optimierungsproblem, weshalb sehr ähnliche finale Strukturen des Bremssattels für die durchgeführten Studien entstehen.

Äquivalent zur Reduktion der priorisierten, ersten Eigenfrequenz nimmt die Anzahl benötigter Iterationen mit steigendem Zielwert zu; siehe Abbildung 4.31. Nach Abbildung 4.33 werden die Bereiche zur Materialanlagerung und -entfernung mit ansteigendem Zielwert größer. Infolge des Erreichens der Entwurfsraumgrenzen werden Voxel entfernt, welche nicht die niedrigsten Pseudo-Sensitivitäten der für Iteration $z = 0$ berechneten Gütefunktionen haben. Daher nimmt die Effektivität der Modifikation vereinzelter Voxel mit voranschreitenden Optimierungsverlauf zur Verschiebung einer ausgewählten Eigenfrequenz ab. Infolge des Erreichens der Entwurfsraumgrenzen wird der Bereich der Massenentfernung an den Seiten der Finger des Bremssattels mit zunehmenden Zielwert des priorisierten Eigenwerts größer.

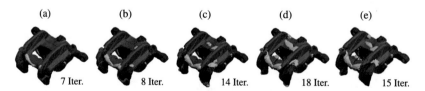

Abb. 4.33 Finale Strukturen für das Anheben der ersten Eigenfrequenz für $l_5 \in \{2, 3, 4, 5\}$. **a** 100 Hz. **b** 200 Hz. **c** 300 Hz. **d** 400 Hz. **e** 500 Hz (mit unzulässiger Struktur)

Durch diese Massenentfernung wird die Steifigkeit der Struktur lokal erheblich reduziert. Aus diesem Grund wird die erreichte Frequenzverschiebung des ersten Eigenwerts wieder verringert. Entfernte Voxel dieses Bereichs sind durch die Güte-funktion in Gleichung 4.5 für den ersten Eigenwert identifiziert worden. Es ist fest-zustellen, dass die Gütefunktion auf Basis der Verschiebungsamplituden der Moden in Gleichung 4.5 eher für lokale, punktuelle Strukturmodifikationen geeignet ist, um eine ausgewählte Frequenz gezielt zu variieren. Demgegenüber zeigen die Struktur-änderungen am Bremssattel auf Basis der Gütefunktion der Dehnungsamplituden der Moden in Gleichung 4.6 erst ab einer größeren, flächigen Materialanlagerung eine signifikante Verschiebung der ersten Frequenz zu dessen Zielwert. Allerdings können die Materialanlagerungen auf Basis der Gütefunktion in Gleichung 4.6 in Bereiche vordringen, die gleichzeitig hohe Verschiebungsamplituden für die zu ver-schiebende Frequenz aufweisen. Als Folge findet keine Änderung oder eine entge-gengesetzte Verschiebung der zu verändernden Frequenz statt. Demzufolge sollten die Strukturänderungen basierend auf den Gütefunktionen nicht zu groß werden. Dies steht im direkten Widerspruch zu einem hohen Zielwert, welcher auf Basis der entwickelten Methode nur durch größer werdende Bereiche an Strukturanpas-sungen erreicht werden kann. Aufgrund der gewählten Entwurfsraumgrenzen des Bremssattels kann die erste Frequenz durch lokale Strukturmodifikationen autark zwar um 300 Hz reduziert werden, aber um 400 Hz angehoben werden.

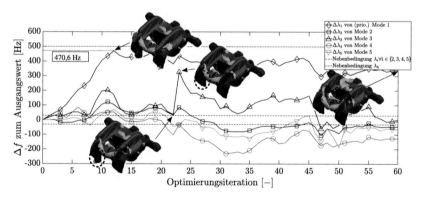

Abb. 4.34 Anheben der ersten Eigenfrequenz um 500 Hz mit $l_5 \in \{2, 3, 4, 5\}$ und modifi-zierte Struktur des Bremssattels bei sprunghaften Frequenzänderungen

Erst ab einem Zielwert von +500 Hz, relativ zum Ausgangswert der priorisierten Eigenfrequenz, tritt das beschriebene Problem ein, zu viel Material mit den zu rigoros gewählten Entwurfsraumgrenzen verändern zu müssen. Für diesen Zielwert kann keine zulässige Struktur erzeugt werden . In Abbildung 4.34 ist der Optimierungsverlauf für diesen Zielwert dargestellt. Es wird eine maximale Frequenzänderung von +470,6 Hz für die priorisierte Eigenfrequenz nach 12 Iterationen erzielt. Gleichzeitig weist unter den untergeordneten Moden der dritte Eigenwert mit +172,8 Hz die größte Frequenzänderung auf. Innerhalb von 5 Iterationen kann die maximale Frequenzänderung der untergeordneten Frequenzen auf +47,2 Hz für den zweiten Eigenwert reduziert werden. Die priorisierte, erste Eigenfrequenz wird zeitgleich geringfügig auf einen Wert von 429 Hz gesenkt. Voxel werden sukzessive an den Fingern des Bremssattels entfernt. In Iteration 22 werden am rechten Finger des Bremssattels die Entwurfsraumgrenzen erreicht. Voxel werden ab der Iteration 22 vorwiegend an Stellen des linken Fingers des Bremssattels entfernt, welche hohe Dehnungsamplituden der vierten und fünften Mode zeigen. Die Frequenzen des vierten und fünften Eigenwerts werden voranschreitend reduziert und sind ab Iteration 23 stets unzulässig. Zur Reduktion der Frequenzänderung dieser beiden Moden werden bereits angelagerte Voxel wieder entfernt. Diese Voxel sind zur Reduktion der Frequenzänderung des dritten Eigenwerts angelagert worden. Daher wird die dritte Frequenz sprunghaft um +288,3 Hz verschoben und wird in Iteration 23 unzulässig. In den darauf folgenden Iterationen kann die Frequenzänderung der dritten und vierten Mode nicht wieder in den zulässigen Bereich durch Strukturanpassungen zurückgeführt werden. Die entwickelte Methode ist nicht weiter in der Lage mit dem veränderbaren Entwurfsraum die geforderten Zielwerte der Eigenwerte des Optimierungsproblems zu erreichen.

Zusammenfassend werden für das Optimierungsproblem in Gleichung 4.15 auch für den Bremssattel zulässige Strukturen gefunden. Es werden weniger Optimierungsiterationen und geringere Strukturanpassungen im Vergleich zum geometrisch einfacheren Plattenmodell benötigt. Ein Erfolg der Optimierungsstudien am Bremssattel ist für eine unterschiedliche Anzahl an untergeordneten Moden im Optimierungsproblem zu verzeichnen. Erst für sehr hohe Zielwerte der priorisierten Frequenz kann keine zulässige Struktur erreicht werden. Am Ende der Optimierungsstudien weist die priorisierte Frequenz trotz der gewählten Ungleichheitsrestriktion ausschließlich einen geringen Frequenzabstand zum jeweils festgelegten Zielwert auf. Damit ist die Ungleichheitsrestriktion der ersten Frequenz im Optimierungsproblem nicht stark „übererfüllt". In den nachfolgenden Studien zur Vermeidung einer Flatter-Instabilität ist der Betrag des Zielwerts der priorisierten Frequenz zu quantifizieren.

Vermeidung der Flatter-Instabilität an einem Bremsengesamtmodell

5

Nach erfolgreicher autarker Frequenzverschiebung eines priorisierten Eigenwerts an zwei Einzelkomponenten wird der Optimierungsansatz auf das Bremsengesamtmodell (siehe Abbildung 2.2) in diesem Kapitel angewendet. Zuerst wird ein Optimierungsmodell des Bremsengesamtmodells in Abschnitt 5.1 erstellt. Die Flatter-Instabilitäten des Optimierungsmodells werden mit den Ergebnissen des Referenzmodells des Bremsengesamtmodells von Abschnitt 2.2 verglichen. Anschließend wird eine ausgewählte Frequenz dieses Optimierungsmodells verändert, während andere Frequenzen an deren Ausgangswerten gehalten oder zu deren originären Werten verschoben werden; siehe Abschnitt 5.2. Der Einfluss dieser Eigenfrequenzoptimierung auf eine ausgewählte Flatter-Instabilität wird beleuchtet. Um die Flatter-Instabilität mit dem entwickelten Optimierungsansatz gezielt zu vermeiden, wird in Abschnitt 5.3 ein *Gesamtansatz* als Algorithmus erstellt. Der Gesamtansatz teilt sich in die drei Schritte:

1. Festlegung eines Grenzwerts für den Reibkoeffizienten bis zu dem keine Flatter-Instabilität vorliegen darf.
2. Auswahl der priorisierten Frequenz und der untergeordneten Moden für die Eigenfrequenzoptimierung durch Berechnung des KEA-Verfahrens.

Ergänzende Information Die elektronische Version dieses Kapitels enthält Zusatzmaterial, auf das über folgenden Link zugegriffen werden kann https://doi.org/10.1007/978-3-658-46764-7_5.

M. Deutzer, *Ein Ansatz zur Reduktion von reiberregten Flatter-Instabilitäten durch Manipulation ausgewählter Eigenfrequenzen*, AutoUni – Schriftenreihe 175, https://doi.org/10.1007/978-3-658-46764-7_5

3. Start eines iterativen Prozesses:

  a) Geringfügige, autarke Frequenzverschiebung des priorisierten Eigenwerts durch Anwendung der erarbeitenden Eigenfrequenzoptimierung.

  b) Evaluierung des Einflusses der Frequenzänderung auf die Realteile der komplexen Eigenwerte mit dem KEA-Verfahren für den Reibkoeffizienten aus Schritt 1.

  c) Maximaler Realteil aller Eigenwerte ist kleiner oder gleich Null für Reibkoeffizienten aus Schritt 1?
     Ja = Keine Flatter-Instabilität bis Grenzwert des Reibkoeffizienten mehr vorhanden und Ende der Optimierung.
     Nein = Weitere autarke Frequenzänderung des priorisierten Eigenwerts mit 3.a.

Abschließend wird die Robustheit des Gesamtansatzes mittels der Variation ausgewählter Betriebsparameter am optimierten Bremsengesamtmodell anhand der noch auftretenden dynamischen Flatter-Instabilitäten bestimmt; siehe Abschnitt 5.5.

In den folgenden Erläuterungen wird zwischen dem *Referenzmodell* und dem *Optimierungsmodell* des Bremsengesamtmodells unterschieden. Im Referenzmodell wird die Geometrie des Bremssattels durch modifizierte, finite Tetraeder-Elemente mit der Formfunktion zweiter Ordnung (C3D10M) beschrieben. Hingegen besteht der Bremssattel im Optimierungsmodell ausschließlich aus symmetrischen Voxel und teils degenerierten Voxel. Die weiteren Bremsenkomponenten des Bremsengesamtmodells sind in beiden Modellen identisch.

5.1   Aufbau und Verifikation des Optimierungsmodells

Für die Strukturmodifikationen wird das Optimierungsmodell des Bremssattels von Abschnitt 4.5 in das Bremsengesamtmodell eingesetzt; siehe Abbildung 5.1. Obwohl sich im vorherigen Kapitel für den Bremssattel mit 1,5 mm breiten Voxel entschieden worden ist, werden an dieser Stelle Voxel mit einer Kantenlänge von 1,0 mm zur Diskretisierung des Bremssattels verwendet. Wie die vorherigen Studien am Sattel zeigen, sind lokale, teils wenige gezielte Strukturmodifikationen für die autarke Frequenzverschiebung eines Eigenwerts erforderlich. Zudem wird angenommen, dass die Frequenzen des Bremsengesamtmodells bereits durch geringe Strukturmodifikationen des Bremssattels und der Möglichkeit einer sich verändernden Gleichgewichtslage stark variiert werden. Aus den genannten Gründen wird

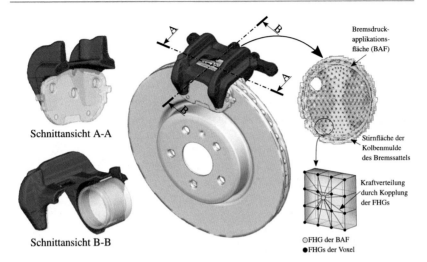

Abb. 5.1 Aufbau des Optimierungsmodells des Bremsengesamtmodells mit Schnittansichten zur Darstellung der Modellierung der Kontaktbereiche durch spannungsfreie Vorverformung der Voxel und für die Bremsdruckapplikationsfläche mittels numerische Kopplungselemente zwischen den Freiheitsgraden (FHGs)

die kleinere Elementkantenlänge von 1,0 mm für die Voxel genutzt, da diese trotz höherem Rechenaufwand eine feinere Anpassung der Struktur ermöglichen und die Hüllfläche des realen Bauteils besser approximieren; siehe Anhang Kapitel C.2 im elektronischen Zusatzmaterial.

Die Bremsscheibe, die zwei Bremsbeläge mit deren Rückenplatten und Shims, sowie der Bremskolben, werden in LEOPARD als Anbauteile definiert. Für die Anbauteile wird das Rechengitter des Referenzmodells verwendet. Anbauteile tragen in ABAQUS zur Dynamik des Optimierungsmodells bei, aber können nicht durch LEOPARD modifiziert werden. In ABAQUS wird ein Fläche-zu-Fläche Kontakt zwischen den Bauteilen des Modells analog der Literatur spezifiziert [85]. Die Diskretisierung der Kontaktbereiche und der Umgang mit Kontakt in ABAQUS ist der Literatur zu entnehmen [85]. Der Bremsscheibe wird eine Rotationsgeschwindigkeit nach dem Lagrange-Ansatz der Kontinuumsmechanik aufgeprägt [165]. In der Kolbenmulde des Bremssattels wird ein Bremsdruck auf die Stirnflächen von Bremskolben und gegenüberliegender Fläche des Bremssattels aufgeprägt. Das KEA-Verfahren wird in ABAQUS ohne Dämpfung berechnet.

Sowohl die Kontaktkräfte als auch der Bremsdruck sind abhängig von der Fläche an der diese Kräfte wirken. Die Vernetzung des Bremssattels mittels Voxel führt teils zu nicht glatten Flächen, obwohl diese Flächen im Referenzmodell glatt sind. Durch die verschieden großen Flächen können sich flächenabhängige Lasten, wie der Bremsdruck, und Kontaktkräfte des Optimierungsmodells im Vergleich zum Referenzmodell unterscheiden. Eine Möglichkeit zur Lösung des Problems bietet die spannungsfreie Vorverformung (*Degeneration*) von Voxel in Bereichen der Kraftübertragung. Degenerierte Voxel des Bremssattels können aufgrund derer ungleichmäßigen Struktur durch LEOPARD nicht modifiziert werden. In LEOPARD werden diese degenerierten Elemente als Anbauteile definiert. Die vorverformten Voxel teilen sich weiterhin die Freiheitsgrade mit den nicht-vorverformten Voxel. Die Oberfläche der vorverformten Voxel wird durch LEOPARD nicht geglättet. Die Realisierung der Vorverformung bestimmter Voxel wird im Folgenden für die Kontaktbereiche des Bremssattels und zur Applikation des Bremsdrucks beschrieben.

Der Bremssattel hat im Bremsengesamtmodell Kontakt zu zwei angrenzenden Bauteilen: Bremskolben und äußere Belagrückenplatte. Der Kontaktbereich zwischen Bremssattel und Bremskolben ist zylindrisch. Mit Voxelelementen lassen sich, trotz der konvexen Glättung der Elemente, zylindrische Flächen geometrisch schwer approximieren. Daher werden diese Voxel spannungsfrei vorverformt, indem deren freie finiten Knoten im Kontaktbereich zum Bremskolben auf die reale zylindrische Geometrie des Bremssattels verschoben werden. Ein weiterer anzupassender Bereich des Bremssattels ist der Kontaktbereich zur Belagrückenplatte. In der Erstellung des Voxel-Rechengitters ist die Definition einer Ausbreitungsrichtung notwendig, in welche die Voxel hintereinander gereiht den vorliegenden Entwurfsraum füllen [119]. Daher ist es möglich, dass an planen Flächen einer komplexen Struktur die Approximation der geometrisch einfachen Fläche durch Voxel stark von der realen Geometrie abweicht. Für den Kontaktbereich des Bremssattels zur Belagrückenplatte liegt eine plane Fläche vor, wofür die Voxel spannungsfrei äquivalent zum Kontaktbereich von Bremssattel und Bremskolben vorverformt werden und somit eine plane, gleich geformte Kontaktfläche wie im Referenzmodell generieren.

Zur Applikation des Bremsdrucks wird eine Fläche auf Basis der Stirnfläche des realen Bremssattels erzeugt und mittels eines Tria-Oberflächen-Rechengitters vernetzt. Der Bremsdruck wird auf dieses Oberflächen-Rechengitter aufgeprägt. In Abhängigkeit zum Flächeninhalt der Stirnfläche des Bremssattels in der Kolbenmulde resultiert eine auf die Freiheitsgrade des Oberflächen-Rechengitters homogen verteilte, wirkende Kraft. Jeder Freiheitsgrad dieses Oberflächen-Rechengitters wird mit den Freiheitsgraden des Voxel-Rechengitters im Abstand von einmal der Elementkantenlänge der Voxel (= 1,0 mm) gekoppelt. Die, auf den jeweiligen Freiheitsgrad des Oberflächen-Rechengitters, wirkende Kraft des Bremsdrucks wird gewichtet an die gekoppelten Freiheitsgrade des Voxelnetzes übergeben [85]. Die

Gewichtung nimmt mit kleiner werdenden geometrischen Abstand des Knotens eines Voxel zum Knoten des Oberflächen-Rechengitters zu [85].

Zur Verifikation des Optimierungsmodells mit dem Referenzmodell des Bremsengesamtmodells werden deren dynamische Instabilitäten in Abhängigkeit zu unterschiedlichen Betriebszuständen bestimmt. Als Betriebsparameter werden der Bremsdruck und die rotatorische Scheibengeschwindigkeit gewählt. Zudem wird der Reibkoeffizient zwischen den Bremsbelägen und der Bremsscheibe variiert. Für die Festlegung der Werte der drei Parameter wird sich dem lateinischen Hyperwürfel-Verfahren (engl.: Latin Hypercube Sampling, kurz: LHS) aus der statistischen Versuchsplanung bedient; siehe Anhang Kapitel E im elektronischen Zusatzmaterial. Niederfrequentes Bremsenquietschen tritt überwiegend bei niedrigen Geschwindigkeiten, mittleren Bremsdrücken und hohen Reibkoeffizienten auf [7, 19]. Es werden maximal 80 bar für den Bremsdruck, 10 km/h für die Scheibengeschwindigkeit und 0,80 für den Reibkoeffizienten in der vorliegenden Arbeit verwendet. Die exakten Werte der Parameterstudie sind dem Anhang Kapitel E im elektronischen Zusatzmaterial zu entnehmen. Die daraus resultierenden maximalen Realteile sind in Abbildung 5.2 für das Referenzmodell gezeigt. Des weiteren können der Abbildung 5.2 die Differenzen zwischen den Realteilen des Referenzmodells und des entwickelten Optimierungsmodells entnommen werden. Die Grenzen der Farbskala der zweiten Darstellung sind so gewählt worden, dass der Mittelwert von 24,08 1/s und die Standardabweichung von 42,58 1/s als Ergebnis der Subtraktion erkenntlich sind.

Dynamische Flatter-Instabilitäten mit einem Realteil von größer als 50 1/s werden im erstellten Optimierungsmodell immer korrekt abgebildet. Allerdings wird der Beginn der Modenkopplung mit den höchsten Realteilen ab einem Reibkoeffizienten von ca. 0,56 nicht mit dem korrekten Realteil wiedergegeben. Zusätzlich werden die dynamischen Flatter-Instabilitäten im Bereich kleiner Bremsdrücke nicht im Optimierungsmodell ermittelt; siehe zum Vergleich auch Abbildung 5.12. Im Bereich kleiner Bremsdrücke ändern sich die Kontaktzustände zwischen den Bremsbelägen und der Bremsscheibe. Der modale Unterraum wird verändert und es entstehen andere Kopplungseigenschaften der Moden. In realen Bremsensystemen wird ein minimaler Anlegedruck von mehr als 0,2 bar benötigt, damit die beiden Bremsbeläge flächig an der Bremsscheibe anliegen und zu einer Verzögerung des Fahrzeugs führen [166]. Der erforderliche Bremsdruck zum Anlegen der Bremsbeläge an die Bremsscheibe liegt für das vorliegende Bremsengesamtmodell nicht vor. Für die folgenden Optimierungsstudien wird sich daher auf größere Bremsdrücke fokussiert, für welche die Modalmatrix infolge einer Änderung der Normalkraft nur geringfügig ändert und annähernd gleiche Eigenvektoren für variable Betriebsparameter beinhaltet. Ohne Berücksichtigung der geringen Bremsdrücke bildet das Optimierungs-

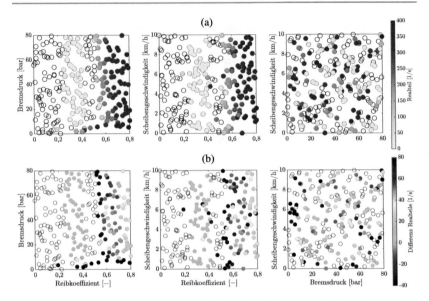

Abb. 5.2 Statistische Versuchsplanung nach LHS. **a** Realteile für das Referenzmodell des Bremsengesamtmodells mit einem Bremssattel bestehend aus Tetraeder-Elementen (C3D10M). **b** Differenz der Realteile von Referenzmodell zu Optimierungsmodell des Bremsengesamtmodells

modell die Kopplungseigenschaften der Eigenwerte des Bremsengesamtmodells zufriedenstellend ab: Wenn im Referenzmodell eine dynamische Flatter-Instabilität vorliegt, weist auch das Optimierungsmodell eine Instabilität bei gleicher Frequenz auf. Die komplexen Modenform der beiden Modelle sind identisch. Zur Vermeidung einer ausgewählten Flatter-Instabilität durch eine Eigenfrequenzoptimierung kann folglich das erstellte Optimierungsmodell für Bremsdrücke über 5,4 bar genutzt werden.

Bevor eine Eigenfrequenzoptimierung angewendet werden kann, muss der zu optimierende, *kritischste* Betriebszustand der DoE ausgewählt werden, um den Einfluss der Eigenfrequenzoptimierung eines modalen Unterraums auf die Flatter-Instabilitäten des Optimierungsmodells bestimmen zu können. Hierfür muss der Einfluss der Betriebsparameter auf die Realteile der Eigenwerte näher beleuchtet werden. Anhand der Minimalmodelle des Bremsenquietschens ist bekannt, dass ein zunehmender Reibkoeffizient den Realteil der gekoppelten Eigenwerten erhöhen kann [12]. Auch das Optimierungsmodell zeigt mit zunehmenden Reibkoeffizienten einen sich vergrößernden, maximalen Realteil. Der Bremsdruck und die Scheibengeschwindigkeit haben einen geringen Einfluss auf die Höhe des Realteils des Optimierungsmodells; wie Abbildung 5.2 zeigt.

Nach der Betrachtung der Einflüsse der Betriebsparameter auf die Realteile des Bremsengesamtmodells soll der kritischste, zu optimierende Betriebszustand gewählt werden. Anhand der statistischen Versuchsplanung wird derjenige Betriebszustand mit dem kleinsten Abstand zwischen den koppelnden Frequenzen für einen Reibkoeffizienten von Null bestimmt. Ein zunehmender Reibkoeffizient führt für diesen Betriebszustand zu den größten Realteilen der koppelnden Moden im Parameterraum der DoE. Der Frequenzabstand dieser Moden soll durch Anwendung des entwickelten Optimierungsansatzes vergrößert werden. In der Parameterstudie liegt für das Optimierungsmodell der geringste Frequenzabstand zwischen den komplexen Eigenwerten für einen Bremsdruck von 53,6 bar und eine Scheibengeschwindigkeit von 1,18 km/h vor. Diese Betriebsparameter ergeben den kritischsten Betriebszustand.

In Abbildung 5.3 werden die dynamischen Flatter-Instabilitäten des kritischsten Betriebszustands mit einer Schrittweite des Reibkoeffizienten von 0,02 im Frequenzbereich des niederfrequenten Bremsenquietschens von 1 kHz bis 5 kHz für das Optimierungsmodell gezeigt. Im Bereich des Reibkoeffizienten von 0,16 bis 0,46 entsteht eine Modenkopplung bei einer Frequenz von 4548 Hz mit nur geringen Realteilen von maximal 13,8 1/s. Ab einem Reibkoeffizienten von 0,56 koppeln zwei Moden mit einer Frequenz von 4520 Hz. Der Imaginär- und Realteil der gekoppelten Eigenwerte steigt stetig mit zunehmenden Reibkoeffizienten an. Ab einem Reibkoeffizienten von 0,68 entsteht eine weitere Modenkopplung mit einem maximalen Realteil von 18,77 1/s im betrachteten Wertebereich des Reibkoeffizienten. Tabelle 5.1 führt die Eigenfrequenzen und Realteile der instabil werdenden Eigenwerte auf. Zum Referenzmodell liegt eine maximale Frequenzabweichung von 106,1 Hz für die 63. Mode des modalen Unterraums und von 32,5 Hz für die 15. Mode des modalen Oberraums vor. Prozentual ist die Frequenzabweichung der 15. Mode zwischen Referenzmodell und Optimierungsmodell im modalen Unter- und Oberraum mit jeweils 1,4 % am größten. Auch im Optimierungsmodell ist die große Frequenzänderung der 29. Mode infolge des variierenden Reibkoeffizienten und damit eine vermutete, vagabundierende Mode wiederzufinden.

Durch die Einführung des MAC-Werts im Kapitel 4 wäre eine Modenverfolgung über einen variablen, schrittweise erhöhten Reibkoeffizienten zur Identifikation kreuzender Frequenzen denkbar. Analog zur Optimierungsmethode gäbe es zwei Wege zum Vergleich der Eigenformen zweier Zustände:

1. Komplexe Moden des aktuellen Reibkoeffizienten zu den komplexen Moden für einen Reibkoeffizienten von Null.

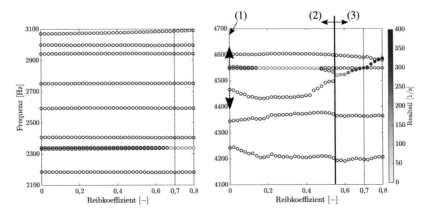

Abb. 5.3 Eigenfrequenzen des Optimierungsmodells infolge der Änderung des Reibkoeffizienten μ mit offenen Kreisen für stabile Eigenwerte ($\Re(\lambda_i) = 0$ 1/s) und mit farbig gefüllten Kreisen für instabile Eigenwerte ($\Re(\lambda_i) > 0$ 1/s). Bereiche zum Anwenden des Optimierungsansatzes: (1) Reibkoeffizient = 0, (2) Reibkoeffizient vor Modenkopplung mit hohen Realteilen, (3) Reibkoeffizient an bzw. nach der Kopplungsstelle. Richtung der Frequenzänderung mit gestrichelten Pfeilen zur Vermeidung der Flatter-Instabilität

2. Komplexe Moden des aktuellen zum vorherigen Wert des Reibkoeffizienten.

Für beide Ansätze muss der kleinste MAC-Wert größer als 0,80 betragen, um annähernd gleiche Modenformen für einen variablen Reibkoeffizienten zu erhalten.

Der erste Fall der Modenverfolgung erinnert an den Vergleich der Modenamplituden zwischen der aktuellen und der initialen Optimierungsiteration. Die Modenamplituden werden infolge des variablen Reibkoeffizienten und dem sich ändernden statischen Gleichgewichtszustand räumlich verändert. Daher entstehen sehr kleine MAC-Werte mit zunehmenden Reibkoeffizienten. Bis zur ersten Modenkopplung bei einem Reibkoeffizienten von 0,14 ist der kleinste MAC-Wert 0,93 für die 29. Mode. Im Fall der Modenkopplung für einen Reibkoeffizienten von 0,16 bis 0,46 wird der Rang der Modalmatrix der komplexen Eigenwerte um Eins reduziert, weshalb die gekoppelten Moden mit gleichem absoluten Realteil als eine einzige Mode weiterverfolgt werden. Das Trennen der vorher gekoppelten Frequenzen 28 und 29 ab einem Reibkoeffizienten von 0,48 erhöht den Rang der Modalmatrix um Eins und erzeugt aus einer Mode wieder zwei unterschiedliche Moden. Die Eigenform dieser zwei Moden werden mit den Eigenformen vor der Modenkopplung verglichen, um die Reihenfolge der Moden nach der Flatter-Instabilität zu bestimmen. Allerdings sind die Eigenformen der zwei zuvor gekoppelten Moden für einen hohen

Tab. 5.1 Eigenfrequenzen in Hz von ausgewählten, teils instabilen Eigenwerten des Optimierungsmodells des Bremsengesamtmodells infolge der Variation des Reibkoeffizienten zwischen Bremsbelägen und Bremsscheibe ohne Modenverfolgung. Jeweilige Realteile in 1/s sind in runden Klammern angegeben

Mode Nr.	13	14	...	27	28	29	30
$\mu = 0.00$	2332	2342	...	4467	4547	4554	4603
	(0)	(0)	...	(0)	(0)	(0)	(0)
$\mu = 0.40$	2335	2341	...	4443	4548	4548	4603
	(0)	(0)	...	(0)	(-13)	(13)	(0)
$\mu = 0.65$	2337	2339	...	4540	4540	4547	4593
	(0)	(0)	...	(-264)	(264)	(0)	(0)
$\mu = 0.75$	2338	2338	...	4549	4570	4570	4583
	(-13)	(13)	...	(0)	(-375)	(375)	(0)
$\mu = 0.80$	2338	2338	...	4548	4580	4586	4586
	(-19)	(19)	...	(0)	(0)	(-428)	(428)
$\bar{U}_i(\mu = 0)$	0.79	0.79	...	1.06	0.68	0.56	1.12

Reibkoeffizienten teils sehr verschieden zu deren initialen Eigenformen: Der Vergleich der komplexen Eigenformen für die Reibkoeffizienten 0,00 und 0,48 zeigt, dass der kleinste MAC-Wert 0,67 für die 28. Mode beträgt und nicht die geforderte MAC-Grenze von 0,80 erfüllt. Schließlich bricht die Modenverfolgung ab.

Die zweite Möglichkeit der Modenverfolgung vergleicht die Modenformen der komplexen Eigenwerte des aktuellen Reibkoeffizienten zu dessen vorherigen, kleineren Wert. Auch in diesem Fall ist eine, über einen begrenzten Wertebereich des Reibkoeffizienten, stattfindende Modenkopplung problematisch. Für diese Art der Modenverfolgung werden die Moden der komplexen Eigenwerte für einen Reibkoeffizienten von 0,48 und 0,14 verglichen. Für die 28. Mode beträgt der MAC-Wert dieses Vergleichs 0,50 und erfüllt nicht die MAC-Grenze von 0,80 zur Modenverfolgung. Das Bremsengesamtmodell zeigt, dass die MAC-Werte mit höher werdenden Reibkoeffizienten wieder ansteigen können. Die Mode 28 zeigt mit MAC = 0,56 den kleinsten MAC-Wert beim Vergleich aller komplexen Moden für einen Reibkoeffizienten von 0,14 und 0,54. Jedoch findet eine weitere Modenkopplung ab einem Reibkoeffizienten von 0,56 statt. Bevor diese zweite Modenkopplung stattfindet, können nicht alle Moden einen MAC-Wert von mehr als 0,80 vorweisen, um die Modenreihenfolge eindeutig zu bestimmen.

Auf Basis von MAC lassen sich die Moden der koppelnden Eigenwerte für einen variablen Reibkoeffizienten nicht verfolgen. Daher ist nicht eindeutig bekannt, ob der 28. oder 29. Eigenwert mit dem 27. Eigenwert koppelt. Deshalb wird die 27. Frequenz zur ersten Anwendung des entwickelten Optimierungsansatzes im folgenden Kapitel durch gezielte Strukturänderungen verschoben. Basierend auf den Ergebnissen werden anschließend im Gesamtansatz Bedingungen an die zu priorisierende Frequenz für die Vermeidung einer Flatter-Instabilität gesetzt.

5.2   Eigenfrequenzoptimierung des Bremsengesamtmodells

Der Optimierungsansatz von Kapitel 4 kann direkt auf das Optimierungsmodell des Bremsengesamtmodells zur Strukturmodifikation des Bremssattels angewendet werden, indem ausschließlich der modale Unterraum ohne vorherige statische Belastung des dynamischen Systems berechnet wird. Die Gütefunktionen werden auf Basis der resultierenden Moden bestimmt. Es findet keine Applikation eines Bremsdrucks und auch keine Rotation der Bremsscheibe statt, wodurch die Lösung des modalen Unterraums im Folgenden als *ungestörte* Modalmatrix definiert wird. Mit ABAQUS werden die Eigenwerte und Eigenvektoren auf Basis des modalen Unterraums bestimmt und an LEOPARD übermittelt. Zur Berechnung der Gütefunktionen werden die Amplitudenwerte der Moden ausschließlich an den Freiheitsgraden des zu modifizierenden Bremssattels verwendet.

Es finden keine Strukturmodifikationen an den Kontaktbereichen des Bremssattels statt. Die, vor dem Start der Optimierung, durch ABAQUS erstellten Kontaktzustände werden im Optimierungsverlauf nicht verändert. Damit ist im Optimierungsverlauf sichergestellt, dass sich die Modalmatrix nicht durch den definierten Kontakt ändert.

Zur Eigenfrequenzoptimierung des Bremsengesamtmodells wird beispielhaft die 26. Mode der ungestörten Modalmatrix für eine autarke Frequenzverschiebung priorisiert. Die Frequenz des 26. Eigenwerts soll um 150 Hz reduziert werden. Gleichzeitig dürfen die benachbarten Frequenzen 25, 27, 28 und 29 der Moden der ungestörten Modalmatrix maximal 30 Hz von deren Ausgangswerten abweichen. In Abbildung 5.4 ist der Optimierungsverlauf für 15 Iterationen gezeigt, welche zum Auffinden einer zulässigen und brauchbaren Lösung benötigt werden. Der optimierte Bremssattel weißt nur wenige Strukturanpassungen auf und zeigt die hohe Sensitivität der Eigenwerte des Bremsengesamtmodells gegenüber Strukturmodifikationen einer Bremsenkomponente.

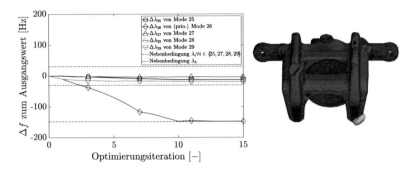

Abb. 5.4 Optimierungsverlauf der Eigenfrequenzoptimierung des Bremsengesamtmodells mit REA und optimierte Geometrie des Bremssattels

Der Erfolg der Eigenfrequenzoptimierung am Bremsengesamtmodell ist vorrangig durch die, sich nicht ändernden, Kontaktzustände zu begründen. Der Kontakt wird in der Eigenfrequenzoptimierung aufgrund konstanter Abstände der Freiheitsgrade der Bremsenkomponenten nicht modifiziert. Bestimmte Freiheitsgrade des Bremssattels werden an die Freiheitsgrade benachbarter Bauteile gekoppelt. Damit wirken die weiteren Bremsenkomponenten versteifend auf den Bremssattel und dessen Eigenformen. Daher können die Aussagen über den Optimierungsansatz von der Optimierung der Einzelkomponenten auf die Eigenfrequenzoptimierung des Bremsengesamtmodells übertragen werden.

Bisher sind ausschließlich die Eigenfrequenzen der ungestörten Modalmatrix gezielt verschoben worden. Der Einfluss auf die, durch das KEA-Verfahren berechneten, Realteile der komplexen Eigenwerte des Bremsengesamtmodells ist nicht beleuchtet worden. Eine Relation zwischen der Eigenfrequenzoptimierung und dem Einfluss auf die komplexen Eigenwerte wird im Folgenden geschaffen.

Im KEA-Verfahren wird ein modaler Unterraum basierend auf einer vorangegangen statischen Belastung des Bremsengesamtmodells berechnet, weshalb die Lösung dieses Unterraums als *gestörte* Modalmatrix bezeichnet wird. Um den Einfluss der optimierten Frequenzen auf die komplexen Eigenwerte zu bestimmen, kann die gestörte Modalmatrix mit der, für die Eigenfrequenzoptimierung verwendeten, ungestörten Modalmatrix verglichen werden. Eine Möglichkeit zum Vergleich bietet das MAC. Mit der Berechnung des MAC zwischen den reellen Eigenvektoren der beiden modalen Unterräume werden die Ähnlichkeiten der Eigenformen identifiziert; siehe Abbildung 5.5.

Der MAC-Vergleich zeigt auf, dass die meisten niederfrequenten Eigenwerte bis 3340 Hz in beiden modalen Unterräumen wiedergefunden werden. Nicht alle

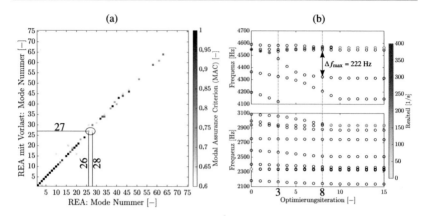

Abb. 5.5 Eigenfrequenzoptimierung des Bremsengesamtmodells. **a** MAC-Vergleich der Eigenformen der REA ohne Vorlast mit den Eigenformen der REA mit Vorlast des KEA-Prozesses. **b** Änderung der komplexen Eigenwerte für einen Reibkoeffizienten von 0,70 aus der Optimierung mit REA ohne Vorlast mit farblicher Codierung von instabilen Eigenwerten ($\Re(\lambda_i) > 0$)

Moden werden in beiden modalen Unterräumen im Frequenzbereich des niederfrequenten Bremsenquietschens eindeutig ermittelt. Die koppelnde 27. Mode des KEA-Verfahrens zeigt eine hohe Ähnlichkeit zu den Moden 26 (MAC = 0,73) und 28 (MAC = 0,65) der ungestörten Modalmatrix.

Wie in Abbildung 5.4 gezeigt, führt die gezielte Reduktion des 26. Frequenzwerts der ungestörten Modalmatrix zur Verschiebung des 27. Eigenwerts der gestörten Modalmatrix zu kleineren Frequenzwerten. Für einen Reibkoeffizienten von 0,00 sind die Moden und Eigenwerte von vorbelasteten Unterraum und Oberraum gleich, da keine Dämpfungen berücksichtigt werden und die Kontaktzustände aufgrund des fehlenden Reibkoeffizienten entweder offen oder *haftend* geschlossen sind. Damit sind die Eigenvektoren der gestörten Modalmatrix gleich der Modalmatrix des Oberraums. Daher wird der komplexe 27. Eigenwert des Oberraums durch die Eigenfrequenzoptimierung wie der 27. Eigenwerte des gestörten Unterraums gleichermaßen beeinflusst. Auch für größere Reibkoeffizienten wird der 27. komplexe Eigenwert mit voranschreitender Eigenfrequenzoptimierung streng monoton fallend reduziert; wie Abbildung 5.6 zeigt. Nach drei Optimierungsiterationen entkoppelt die 27. komplexe Mode mit einer anderen komplexen Mode infolge der Strukturänderung. Mit der Eigenfrequenzoptimierung ist somit erfolgreich eine Flatter-Instabilität für das vorliegende Optimierungsmodell des Bremsengesamtmodell vermieden worden,

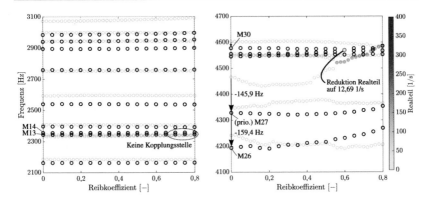

Abb. 5.6 Eigenfrequenzen des optimierten Modells für Iteration 8 mit offenen Kreisen für stabile Eigenwerte ($\Re (\lambda_i) = 0$ 1/s) und mit farbig gefüllten Kreisen für instabile Eigenwerte ($\Re (\lambda_i) > 0$ 1/s) im Vergleich zum originären Bremsengesamtmodell (ausgegraute Kreise) mit "M27" für "Mode 27"

ohne eine weitere Instabilität zu generieren und ohne das statische Gleichgewicht mit dem KEA-Verfahren in jeder Optimierungsiteration berechnen zu müssen.

Ferner findet eine Entkopplung der Eigenwerte 13 und 14 durch die Eigenfrequenzoptimierung statt. Mode 13 und 14 der gestörten Modalmatrix können aufgrund hoher MAC-Werte in der ungestörten Modalmatrix wiedergefunden werden. Allerdings werden die 13. und 14. Mode weder als priorisierte Moden noch als untergeordnete Moden im Optimierungsproblem der Eigenfrequenzoptimierung berücksichtigt. Die Entkopplung des 13. und 14. Eigenwerts ist daher als ein ungesteuerter, vorteilhafter Einfluss der angewendeten Methode zu sehen.

Es liegen keine Eigenwerte mit Realteilen größer als 15 1/s für den optimierten Bremssattel nach drei Iterationen vor, weshalb die Berücksichtigung der untergeordneten Moden 25, 27 und 28 für die Eigenfrequenzoptimierung des Bremsengesamtmodell ausreichend ist. Die weitere Reduktion der 26. Frequenz auf 4400 Hz kann den Frequenzabstand der initial gekoppelten, komplexen Eigenwerte auf 222 Hz in fünf weiteren Optimierungsiterationen erhöhen. Ein größerer Frequenzabstand als 222 Hz der zuvor gekoppelten Eigenwerte begünstigt das Entstehen von weiteren Flatter-Instabilitäten zwischen anderen Frequenzen. Nach insgesamt 9 Iterationen wird eine weitere Instabilität zwischen der 18. und 19. Mode bei einer Frequenz von 2940 Hz und einem Realteil von 100,0 1/s erzeugt. Ab Iteration 10 entsteht eine weitere Flatter-Instabilität mit einer Frequenz von 4546 Hz und einem Realteil von 58,1 1/s.

Ein Problem bei der Eigenfrequenzoptimierung stellen die, zur gekoppelten Frequenz 27 benachbarten, komplexen Eigenwerte 25, 26, 28 und 29 dar. Die Moden dieser Eigenwerte können nicht in der ungestörten Modalmatrix durch MAC wiedergefunden werden. Mit der Eigenfrequenzoptimierung können die Frequenzen dieser komplexen Eigenwerte nicht zu deren Ausgangswerten gebracht werden. Besonders der 26. komplexe Eigenwert der gestörten Modalmatrix weist daher für die achte Optimierungsiteration eine hohe Frequenzverschiebung von -159,4 Hz auf. Zwar hat eine Kopplung der benachbarten Eigenwerte für die ersten acht Iterationen nicht stattgefunden, jedoch soll die Frequenzänderung durch den Optimierungsansatz kontrollierbar werden. Deshalb wird im Folgenden ein Gesamtansatz vorgestellt, um den entwickelten Optimierungsansatz der Eigenfrequenzoptimierung mit dem KEA-Verfahren geeignet zu vereinen.

5.3   Gesamtansatz zur Vermeidung von Flatter-Instabilitäten

Zuerst werden die komplexen und rein komplexwertigen Eigenwerte, als auch die gestörte Modalmatrix des modalen, vorbelasteten Unterraums mit dem KEA-Verfahren am kritischsten Betriebszustand berechnet. Anschließend muss die priorisierte, zu verschiebende Frequenz der gestörten Modalmatrix für die Anwendbarkeit des Optimierungsansatzes bestimmt werden. Wie in Abschnitt 2.2 aufgezeigt, stellt das Kreuzen der Frequenzen von Moden ein Problem für den Optimierungsansatz dar. Es ist nicht eindeutig, welche der Frequenzen zur Vermeidung einer Flatter-Instabilität verändert werden muss und welche Eigenfrequenzen zu deren Ausgangswerten verschoben werden sollen. Zur Anwendung des entwickelten Optimierungsansatzes wird aus den voranstehenden Gründen die folgenden Bedingungen an den Gesamtansatz für die Auswahl der zu verschiebenden Eigenfrequenz gestellt:

- Die ausgewählte Frequenz kreuzt vor der Modenkopplung keine andere Frequenz.
- Die Kopplung der Mode der ausgewählten Frequenz mit einer anderen Mode führt zu hohen Realteilen für einen variierenden Reibkoeffizienten.
- Die Mode der ausgewählten Frequenz weist hohe Schwingungsamplituden auf der zu modifizierenden Fahrwerkskomponente auf.
- Die Sensitivität der Frequenz relativ zum Reibkoeffizienten bleibt bei geringfügigen Änderungen der Struktur konstant.

Mit der ersten Bedingung wird sichergestellt, dass die zu verschiebende Frequenz tatsächlich an der Modenkopplung teilnehmen wird. Anhand der zweiten Bedingung werden alle Modenkopplungen nicht berücksichtigt, die zu kleinen Realteilen führen. Im einleitenden Kapitel dieser Arbeit wird der Realteil der Eigenwerte mit der Neigung zum Bremsenquietschen gleichgesetzt. Umso höher der Realteil, desto wahrscheinlicher wäre demzufolge die Emission des Störgeräuschs. Bisher liegen keine Untersuchungen vor, die den Betrag des Realteils mit dem Grad der Neigung zum Bremsenquietschen eindeutig quantifizieren. Daher wird vorerst willkürlich ein Grenzwert von 15 1/s für den Realteil definiert, ab welchem eine Modenkopplung zu vermeiden gilt. Auf diesem Weg wird die kurzzeitige Modenkopplung der vagabundierenden 29. Mode nicht als zu vermeidende Flatter-Instabilität durch den Gesamtansatz identifiziert. Mit der dritten Bedingung wird sichergestellt, dass die durch LEOPARD modifizierbare Komponente an der dynamischen Flatter-Instabilität partizipiert. Folglich führt eine gezielte Strukturmodifikation dieser Komponente zur Vermeidung der Instabilität [50, 51, 55]. Abschließend fordert die vierte Bedingung eine Linearität des Systemverhaltens, womit eine Frequenzänderung eines ausgewählten Eigenwerts für einen Reibkoeffizienten von Null auch eine annähernd gleiche Frequenzänderung für größere Werte des Reibkoeffizienten erzeugt. Im vorherigen Abschnitt 5.2 ist aufgezeigt worden, dass geringe Strukturanpassungen am Bremssattel des Bremsengesamtmodells bereits zu einer höheren, autarken Frequenzverschiebung einer priorisierten Frequenz führen können. Infolge der geringfügigen Strukturmodifikationen wird wiederum das statische Gleichgewicht wenig beeinflusst, weshalb die Kontaktzustände gleich bleiben. Damit entstehen keine neuen Moden und die Änderung der Frequenzen der komplexen Eigenwerte bleiben in Abhängigkeit zum Reibkoeffizienten annähernd gleich.

Ein weiterer Vorteil der formulierten Bedingungen ist, dass sich der erstellte Gesamtansatz von der Problematik löst, die Kopplungsneigung von Moden vor der Optimierung bestimmen zu müssen. Für den Gesamtansatz ist ausschließlich die Identifikation von einer der koppelnden Moden erforderlich. Alle anderen benachbarten Moden werden als untergeordnete Moden des Optimierungsproblems aufgefasst.

Mit den Bedingungen des Gesamtansatzes kann das Optimierungsproblem zur Vermeidung einer Flatter-Instabilität formuliert werden. Hierfür wird das Optimierungsproblem der Eigenfrequenzoptimierung in Gleichung 4.1 angepasst. Vor der Optimierung ist nicht bekannt, wie groß eine Eigenfrequenzänderung eines priorisierten Eigenwerts zur Reduktion des Realteils einer ausgewählten Flatter-Instabilität sein muss. Deshalb wird die zweite Bedingung modifiziert, indem jetzt eine Reduktion des Realteils des priorisierten Eigenwerts $\Re\left(\hat{\lambda}_{\text{prio}}\right)$ für den kritischsten Betriebszustand auf einen Wert unter 15 1/s gefordert wird

$$\min\arg\ m$$

$$\text{sodass}\ \ \Re\left(\hat{\lambda}_{\text{prio}}^{(z)}\right) \leq 15\,1/s$$

$$\left|\lambda_i^{(z)} - \lambda_{i,0}\right| - \Delta\lambda_i \leq 0\,,\ \ \forall i \in l \tag{5.1}$$

$$\zeta_j^{(z)} = 0\ \ \text{oder}\ \ 1\,,\ \ \forall j \in v\,.$$

Allerdings muss für die Bestimmung von $\Re\left(\hat{\lambda}_{\text{prio}}\right)$ ein Reibkoeffizient festgelegt werden, bis zudem das Optimierungsproblem zulässig sein soll. Im Optimierungsmodell des Bremsgesamtmodells treten hohe Realteile von größer als 15 1/s ab einem Reibkoeffizienten von 0,56 auf. Zur signifikanten Verschiebung der Kopplungsstelle dieser Modenkopplung wird ein Grenzwert von 0,70 für den Reibkoeffizienten gefordert, bis zu welchem keine Flatter-Instabilität im optimierten Bremsengesamtmodell eintreten darf und der Realteil des priorisierten Eigenwerts kleiner als 15 1/s sein muss. Um die Entstehung einer weiteren Instabilität zu vermeiden, wird für die Eigenwerte der gestörten Modalmatrix eine willkürlich gewählte, maximale Abweichung von 30 Hz relativ zu deren Ausgangswerten gefordert. Demzufolge findet die Evaluierung der erste Nebenbedingung in Gleichung 5.1 auf Basis des Oberraums für einen Grenz-Reibkoeffizienten statt, während die Zulässigkeit der zweiten und dritten Bedingung im modalen, vorbelasteten Unterraum bestimmt wird.

Der Einfluss der Optimierung des modalen, vorbelasteten Unterraums auf den Oberraum ist für größere Reibkoeffizienten als Null aufgrund der erschwerten Modenverfolgung nicht eindeutig bekannt. Deshalb ist eine Optimierung mit einem Betriebszustand nahe des Kopplungspunkts der dynamischen Flatter-Instabilität schlecht zu realisieren; siehe Abbildung 5.3 die Stellen (2) und (3). Für diese Zustände sind die Eigenformen der gekoppelten Eigenvektoren gleich. Mit der Berechnung der Gütefunktionen kann die Frequenz ausschließlich einer der gekoppelten Moden nicht verändert werden. Deshalb werden die Gütefunktionen auf Basis der gestörten Modalmatrix für einen Reibkoeffizienten von Null berechnet; siehe Abbildung 5.3 die Stelle (1). Die Überprüfung der ersten Bedingung des Optimierungsproblems findet in jeder Optimierungsiteration im KEA-Prozessschritt des angewendeten KEA-Verfahrens für einen Reibkoeffizienten von 0,70 statt. Wenn die vierte Bedingung des Gesamtansatzes gilt, können mit diesem Vorgehen keine weiteren Modenkopplungen für Reibkoeffizienten kleiner als 0,70 entstehen, insofern alle Moden des Bremsengesamtmodells im Optimierungsproblem berücksichtigt werden.

Nach der Definition des Optimierungsproblems kann der Optimierungsansatz der Eigenfrequenzoptimierung angewendet werden. Allerdings hat das Bremsengesamtmodell mit 65 Moden eine große Menge an Eigenwerten im Frequenzbereich des niederfrequenten Bremsenquietschens, die in der Berechnung der Gütefunktionen berücksichtigt werden müssten. Bestimmte Moden des Bremsengesamtmodells weisen allerdings auf dem zu modifizierenden Bremssattel kaum bis gar keine hohen Amplituden auf. Die Untersuchungen an den Einzelkomponenten haben gezeigt, dass eine Vorauswahl der zu berücksichtigenden Moden die Effizienz der Gütefunktionen erheblich steigert. Besonders Moden, die nur geringe Amplituden für die sichtbaren Voxel aufweisen, stellen ein Problem dar, weil die Gütefunktionen deren Amplituden durch die Massennormierung automatisch skalieren und damit ungewollt stärker gewichten. Im Folgenden wird deshalb ein Ansatz zur Vorauswahl der zu optimierenden Eigenwerte für das Bremsengesamtmodell aufgezeigt und für die Berechnung der Gütefunktionen angewendet.

Zur Evaluierung der Schwingungsbeteiligung des Bremssattels an den Moden i des Bremsengesamtmodells wird eine mittlere Verschiebungsdichte $\bar{U}_j$ für die zu modifizierende Bremsenkomponente mit n_{mod} Freiheitsgraden berechnet

$$\bar{U}_i = \frac{(n - n_{\text{mod}}) \cdot \sum\limits_{j \in n_{\text{mod}}} \varphi_{i,j}}{n_{\text{mod}} \cdot \sum\limits_{j \in n \setminus n_{\text{mod}}} \varphi_{i,j}} \ . \tag{5.2}$$

Wenn $\bar{U}_i$ deutlich kleiner als Eins ist, zeigt der Bremssattel eine sehr geringe Beteiligung an der Mode. Für $\bar{U}_i > 1$, zeigt die Mode lokal hohe Verschiebungsamplituden auf dem zu modifizierenden Bremssattel. Mit $\bar{U}_i \gg 1$ schwingt die Mode i vorwiegend auf der für die Strukturmodifikation verwendeten Bremsenkomponente. Für $\bar{U}_i = 1$ zeigt die zu verändernde Bremsenkomponente ähnlich große Verschiebungsamplituden wie das Bremsengesamtmodell durch äquidistant verteilte Verschiebungsamplituden der Mode. Oder die Schwingungsamplituden sind auf dem Bremssattel für die Mode i gering, während die restlichen Komponenten des Bremsengesamtmodells ausschließlich lokal hohe Verschiebungsamplituden aufweisen.

Mit der Forderung, dass die mittlere Verschiebungsdichte $\bar{U}_i$ größer als Eins sein muss, werden untergeordnete Moden mit einem geringen Schwingungsanteil auf dem Bremssattel aus dem Optimierungsproblem in Gleichung 5.1 entfernt; siehe Abbildung 5.7. Werden die Bedingungen des Gesamtansatzes von beiden koppelnden Eigenwerten erfüllt, wird die mittlere Verschiebungsdichte auch zur Auswahl

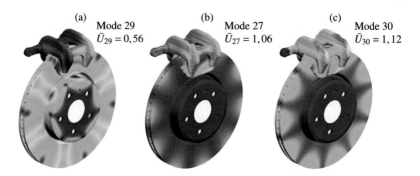

(a) Mode 29
$\bar{U}_{29} = 0,56$

(b) Mode 27
$\bar{U}_{27} = 1,06$

(c) Mode 30
$\bar{U}_{30} = 1,12$

Abb. 5.7 Mittlere Verschiebungsdichte am Bremsengesamtmodell. **a** Mode 29 mit $\bar{U} = 0,56$ nicht in Gütefunktionen berücksichtigt. **b** Mode 27 mit $\bar{U} = 1,06$ als priorisierter Eigenwert. **c** Mode 30 mit $\bar{U} = 1,12$ als einzige, in den Gütefunktionen berücksichtigte, untergeordnete Mode

des priorisierten Eigenwerts verwendet. Der koppelnde Eigenwert mit der höheren mittleren Verschiebungsdichte bildet den priorisierten Eigenwert, während der andere koppelnde Eigenwert unabhängig von dessen mittlerer Verschiebungsdichte als untergeordneter Eigenwert im Optimierungsproblem berücksichtigt wird.

Nach der Berechnung der Gütefunktionen mit der reduzierten Menge an untergeordneten Moden wird das Lösungsverfahren in Abschnitt 4.3 angewendet. Anschließend wird die Anzahl zu modifizierender Voxel auf Basis der Schrittweitensteuerung berechnet. Dafür wird die Schrittweitensteuerung an die neu formulierte Nebenbedingung des priorisierten Eigenwert angepasst. Hierfür werden der Modulationsparameter τ_h und die Wachstumsrate ϑ der Sigmoid-Funktion an den aktuellen Realteil des priorisierten Eigenwertes gebunden. In Gleichung 4.13 und Gleichung 4.14 werden jeweils f_i' durch die Änderung des Realteils des priorisierten Eigenwerts am gewählten Grenz-Reibkoeffizienten von zwei aufeinander folgenden Optimierungsiterationen ersetzt. Gleichzeitig wird der Frequenzabstand des aktuellen Frequenzwerts der priorisierten Mode zu dessen Zielwert Δf_i auf die neue Nebenbedingung geändert. Dies erfolgt, indem der Abstand des aktuellen Realteils des priorisierten Eigenwerts zum Zielwert von 15 1/s der Nebenbedingung in Gleichung 5.1 verwendet wird.

Nach der erfolgten Strukturanpassung werden die Änderungen der Eigenwerte und Eigenvektoren des vorbelasteten Unterraums und des Oberraums mit dem KEA-Verfahren bestimmt. Die Optimierung wird beendet, wenn 1. die Änderung des maximalen Realteils von fünf aufeinander folgenden Iterationen kleiner als 5 1/s ist, 2. fünf Cutbacks durch die Schrittweitensteuerung nacheinander stattgefunden haben oder 3. alle Nebenbedingungen des Optimierungsproblems in Gleichung 5.1 zulässig sind.

5.4 Vermeidung einer ausgewählten dynamischen Flatter-Instabilität

Der Gesamtansatz wird auf das Bremsengesamtmodell im Folgenden angewendet. Auf Basis der Bedingungen des Gesamtansatzes und einer mittleren Verschiebungsdichte von größer als Eins wird die 27. komplexe Mode für eine autarke Frequenzverschiebung priorisiert. Die, zur 27. Eigenfrequenz benachbarten, Eigenwerte 26, 28, 29 und 30 der gestörten Modalmatrix bilden die untergeordneten Frequenzen und sollen maximal um 30 Hz von den Ausgangswerten abweichen. Für die Optimierungsstudie werden die Einstellparameter der Schrittweitensteuerung der Bremssatteloptimierung in Tabelle 4.4 verwendet.

Für die Vermeidung der vorliegenden Flatter-Instabilität des Optimierungsmodells wird die Relevanz der untergeordneten Moden im Optimierungsproblem erörtert. In der Abbildung 5.7, sowie im Anhang Kapitel C.3 im elektronischen Zusatzmaterial, werden die Modenformen des Optimierungsproblems für die Nachvollziehbarkeit der Erläuterungen visualisiert.

Mit der Anwendung des Gesamtansatzes auf das Optimierungsmodell des Bremsengesamtmodells wird die statische Analyse nach jeder Strukturmodifikation und vor der Berechnung der reellen Eigenwertanalyse durchgeführt werden. Eine strukturelle Anpassung kann ab jetzt eine Variation der statischen Gleichgewichtslage x_0 in jeder Iteration bewirken. Infolge der Änderung der Gleichgewichtslage ändern sich bestimmte Eigenformen erheblich. Im entwickelten Optimierungsansatz wird mittels der Modenverfolgung in Abschnitt 4.3.4 eine zu große Änderung der Modenamplituden innerhalb zwei aufeinander folgenden Iterationen unterbunden. Damit wird gleichzeitig einer zu hohen Änderung der Gleichgewichtslage entgegengewirkt. Zudem wird die Bildung von neuen Moden im Optimierungsverlauf unterbunden, indem ein Cutback durchgeführt wird, insofern nicht für alle Moden der aktuellen Iteration eine ähnliche Mode aus vorheriger Iteration anhand eines MAC-Wertes größer als 0,80 gefunden wird.

Der Einfluss der 30. Mode auf das Optimierungsproblem wird in der Abbildung 5.8 gezeigt. Ohne die Berücksichtigung der 30. Mode im Optimierungsproblem wird dessen Eigenfrequenz um 42 Hz reduziert, während die Frequenz der priorisierten 27. Mode um maximal 24 Hz gesenkt wird. Der 29. Eigenwert wird um 8 Hz gesenkt, während die 28. Eigenfrequenz um 4 Hz angehoben wird. Eine Flatter-Instabilität wird ab einem Reibkoeffizienten von 0,55, anstatt bei initial 0,56,

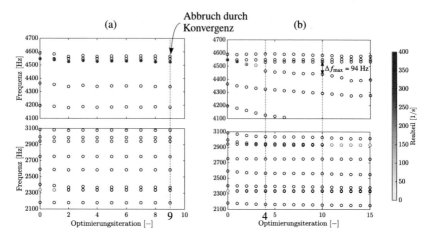

Abb. 5.8 Komplexe Eigenwerte des Bremsengesamtmodells mit REA und vorgelagerter statischer Analyse mit farblicher Codierung von instabilen Eigenwerten ($\Re\,(\lambda_i) > 0$). **a** Ohne untergeordneter Mode 30 im Optimierungsproblem. **b** Mit untergeordneter Mode 30 im Optimierungsproblem

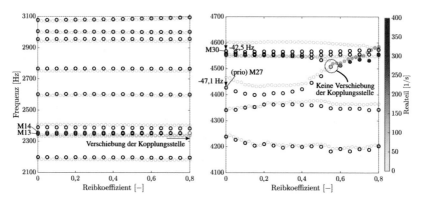

Abb. 5.9 Eigenfrequenzen des optimierten Modells mit REA und statischer Vorlast ohne Mode 30 im Optimierungsproblem für Iteration 4 mit offenen Kreisen für stabile Eigenwerte ($\Re\,(\lambda_i) = 0$ 1/s) und mit farbig gefüllten Kreisen für instabile Eigenwerte ($\Re\,(\lambda_i) > 0$ 1/s) im Vergleich zum originären Bremsengesamtmodell (ausgegraute Kreise) mit "M27" für "Mode 27"

erzeugt; siehe Abbildung 5.9. Für weitere Strukturanpassungen kann die 27. Frequenz kaum weiter verringert werden, weshalb die Optimierung nach 9 Iterationen abgebrochen wird. Unter Berücksichtigung der 30. Mode im Optimierungsproblem werden deren Verschiebungs- und Dehnungsamplituden in den Gütefunktionen aufgrund einer hohen mittleren Verschiebungsdichte $\bar{U}_{30} = 1,12$ des unmodifizierten Bremssattels berücksichtigt. Nach vier Optimierungsiterationen und $-0,6\%$ geringerer Masse des Bremssattels wird die 28. Eigenfrequenz um 1 Hz gesenkt, während die 29. Frequenz um 5 Hz reduziert wird. Gleichzeitig wird die Frequenz der 30. Mode um 11 Hz zu dessen Ausgangswert gesenkt. Für den priorisierten Eigenwert der komplexen Mode 27 wird eine Frequenzänderung von -86 Hz erreicht. Im Vergleich zur Ausgangsstruktur findet die Flatter-Instabilität bei einem größeren Reibkoeffizienten von 0,75 statt, wodurch eine zulässige Struktur für den Grenz-Reibkoeffizienten von 0,70 für den betrachten Frequenzbereich von 1 kHz bis 5 kHz vorliegt; siehe Abbildung 5.10. Eine zu große Frequenzverschiebung der 30. Mode hat demzufolge einen erheblich, negativen Einfluss auf das Erreichen einer zulässigen Struktur für das Bremsengesamtmodell. Für beide Optimierungsstudien werden die Bedingungen des Gesamtansatzes vollständig erfüllt. Besonders hinsichtlich der vierten Bedingung des Gesamtansatzes bleibt die Frequenzänderung der betrachteten Moden relativ zum Reibkoeffizienten trotz der Änderung der Struktur annähernd konstant.

Ein Vergleich zur Eigenfrequenzoptimierung ohne statische Vorlast in Abschnitt 5.2 ist möglich, wenn der maximal erreichte Frequenzabstand von 222 Hz

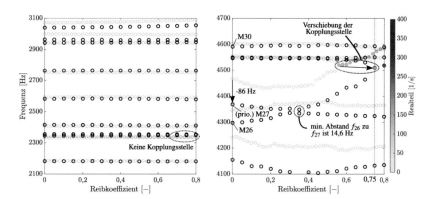

Abb. 5.10 Eigenfrequenzen des optimierten Modells mit REA und statischer Vorlast mit Mode 30 im Optimierungsproblem für Iteration 4 mit offenen Kreisen für stabile Eigenwerte ($\Re(\lambda_i) = 0$ 1/s) und mit farbig gefüllten Kreisen für instabile Eigenwerte ($\Re(\lambda_i) > 0$ 1/s) im Vergleich zum originären Bremsengesamtmodell (ausgegraute Kreise) mit "M27" für "Mode 27"

als Zielwert für die priorisierte Frequenz durch Anwendung des Gesamtansatzes unter Berücksichtigung der 30. Mode im Optimierungsproblem genutzt wird. Mit der weiteren Verschiebung der priorisierten 27. Frequenz in Richtung kleinerer Frequenzwerte wird eine zulässige Struktur mit einem maximalen Frequenzabstand von 94 Hz zwischen den ursprünglich gekoppelten Moden erreicht. Eine weitere Strukturanpassung zur Verschiebung der 27. Eigenfrequenz führt zu einer Modenkopplung zwischen dem 18. und 19. Eigenwert ab der 11. Optimierungsiteration. In der Optimierung werden die 18. und 19. Mode nicht berücksichtigt, weshalb keine gezielte Reduktion von deren Frequenzänderung durch die entwickelte Methode möglich ist. Eine Vermeidung der Modenkopplung der 18. und 19. Mode kann mit dem definierten Optimierungsproblem nicht realisiert werden. Die Optimierung wird aus diesem Grund nach 15 Iterationen abgebrochen.

In Abbildung 5.11 sind die optimierten Bremssättel für die zwei Optimierungsstudien des Gesamtansatzes abgebildet und können mit der finalen Struktur der Eigenfrequenzoptimierung des Bremsengesamtmodells verglichen werden; siehe Abbildung 5.4. Für die Optimierung mit ausschließlich der reellen Eigenwertanalyse werden die wenigsten strukturellen Anpassungen benötigt, um die Realteile aller Eigenwerte auf 15 1/s oder kleiner zu reduzieren. Die finalen Strukturen aller Optimierungsstudien zeigen eine Materialanlagerung im rechten Frontbereich des Bremssattels. Die Berücksichtigung des statischen Analyseschritts der KEA hat einen großen Einfluss auf die identifizierten Strukturbereiche zur Materialentfernung. Wenn die 30. Mode im Optimierungsproblem nicht berücksichtigt wird, entfällt deren Einfluss auf die Gütefunktionen und der Bereich der Materialentfernung wird auf der Struktur verlagert. Andererseits muss mehr Material am Bremssattel zum Auffinden einer zulässigen Struktur verändert werden, wenn die 30. Mode eine untergeordnete Mode im Optimierungsproblem darstellt.

(a)   (b)

Abb. 5.11 Finale Strukturen nach Anwendung des Gesamtansatzes **a** mit Mode 30 oder **b** ohne Mode 30 im Optimierungsproblem

Zusammenfassend sind nur geringe Strukturanpassungen am Bremssattel notwendig, damit die Eigenfrequenzen der Moden des Bremsengesamtmodells sich verschieben und das Optimierungsproblem erfüllen. Auf Seiten der Optimierung führt dies zu einer schnellen Konvergenz, wodurch die Geometrie des optimierten Bremssattels durch den Konstrukteur nach nur wenigen Optimierungsiterationen beurteilt werden kann. Allerdings zeigt die schnelle Konvergenz auch gleichzeitig die Sensitivität des Bremsengesamtmodells, bei geringen strukturellen Änderungen an einer Bremsenkomponente die Systemstabilität erheblich zu ändern. Gerade in Hinsicht zur Unsicherheit der simulativ verwendeten Materialparameter und die Einflüsse der Fertigung auf die resultierende, reale Bauteilgeometrie können daher eine erreichte Vermeidung einer Flatter-Instabilität für eine Vielzahl an Betriebsparameter wieder revidieren oder zu einer Modenkopplung zwischen anderen Moden führen. Deshalb wird im folgenden Kapitel auf Basis der statistischen Versuchsplanung erneut eine Parameterstudie mit den optimierten Bremsengesamtmodellen durchgeführt. Als Ziel wird die Abschätzung der Robustheit des entwickelten Gesamtansatzes zur Vermeidung einer Flatter-Instabilität über mehrere Betriebszustände verfolgt.

5.5 Variation des Betriebszustands am optimierten Bremsengesamtmodell

Um zu überprüfen, ob mit dem strukturoptimierten Bremsengesamtmodell das Stabilitätsverhalten signifikant verbessert worden ist, werden erneut komplexe Eigenwertanalysen mit den gleichen Betriebsparameter der DoE von Abschnitt 5.1 durchgeführt. Die dynamischen Instabilitäten des originären Bremsengesamtmodells werden mit den Instabilitäten der optimierten Bremsengesamtmodelle verglichen; siehe Abbildung 5.12. Für den Vergleich bleibt die Optimierungsstudie ohne die 30. Mode im Optimierungsproblem, aufgrund nicht erfolgreichem Auffinden einer zulässigen Struktur, unberücksichtigt.

Kleine Realteile entstehen für die originäre Struktur des Bremsengesamtmodells infolge der Kopplung der 28. und 29. Mode um einen Reibkoeffizienten von 0,40 für verschieden große Bremsdrücke und Scheibengeschwindigkeiten. Ab einem Reibkoeffizienten von 0,54 entsteht eine dynamische Flatter-Instabilität mit ansteigenden Realteilen von mehr als 70,2 1/s. Die Eigenfrequenzoptimierung des 26. Eigenwerts der ungestörten Modalmatrix führt zur Vermeidung der dynamischen Flatter-Instabilität für den kritischsten Betriebszustand, indem die zuerst gekoppelten Moden nach der Optimierung einen Frequenzabstand von 61 Hz zueinander aufweisen. Im gesamten Parameterraum wird die betrachtete Flatter-Instabilität, an

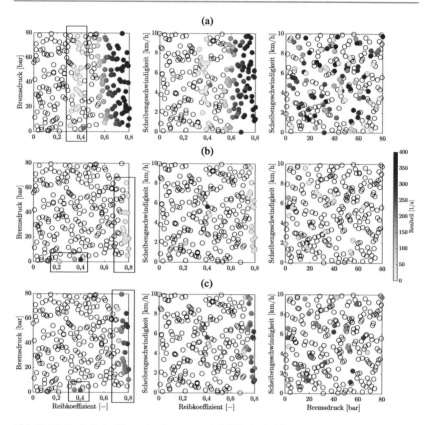

Abb. 5.12 Statistische Versuchsplanung nach LHS mit farblicher Codierung der Realteile. **a** Originärer Bremssattel mit Voxelelementen. **b** Modifizierter Bremssattel ohne statische Analyse in Optimierung. **c** Modifizierter Bremssattel durch Anwendung des Gesamtansatzes

welcher die 27. komplexe Mode partizipiert, infolge dieser Strukturmodifikation bis zu einem Reibkoeffizienten von 0,75 fast vollständig vermieden. Ausschließlich im Bereich kleiner Bremsdrücke bleibt die Modenkopplung bestehen und weist einen maximalen Realteil von 276,6 1/s auf. Für die gewählten Betriebsparameter findet diese Instabilität am optimierten Bremsengesamtmodell bereits bei kleineren Reibkoeffizienten statt. Äquivalent zum originären Bremsengesamtmodell führt der geringe Bremsdruck zu veränderten Kontaktzuständen und folglich teils anderen Moden in der Modalmatrix. Die Kopplung dieser neu entstandenen Moden kann mit der Eigenfrequenzoptimierung nicht vermieden werden, da diese Moden nicht im kritischsten Betriebszustand und somit in der ungestörten Modalmatrix wiederzufinden sind. Für einen Reibkoeffizienten von ca. 0,40 findet nicht weiter eine Kopplung der 28. und 29. Moden nach der Eigenfrequenzoptimierung statt. Erst ab einem Reibkoeffizienten von 0,75 wird die Flatter-Instabilität für die Moden 28 und 29 mit einem Realteil von maximal 63,5 1/s erzeugt. Die 27. Mode partizipiert nicht weiter an einer Modenkopplung im betrachteten Wertebereich der Betriebsparameter.

Für die optimierte Struktur, welche durch Anwendung des Gesamtansatzes und unter Berücksichtigung der 30. Mode im Optimierungsproblem erzeugt worden ist, werden die Instabilitäten für die ausgewählten Betriebsparameter bestimmt. Die ursprünglich gekoppelten Moden weisen einen Frequenzabstand von 67 Hz für den kritischsten Betriebszustand auf. Im Frequenzbereich des niederfrequenten Bremsenquietschens von 1 kHz bis 5 kHz wird die dynamische Flatter-Instabilität für fast alle anderen Betriebszustände bis zu einem Reibkoeffizienten von 0,70 vermieden. Für niedrige Bremsdrücke liegt erneut eine Modenkopplung von neu entstandenen Moden vor und kann auch hier nicht durch den entwickelten Gesamtansatz verhindert werden. Die Kopplung der 28. und 29. Mode findet erst bei einem Reibkoeffizienten von über 0,70 statt. Für geringfügig höhere Reibkoeffizienten partizipiert die 27. Mode an einer dynamischen Flatter-Instabilität, wodurch höhere Realteile von mindestens 107,8 1/s auftreten. Diese Flatter-Instabilität ist, ausgenommen von sehr kleinen Bremsdrücken, unabhängig von der Höhe des Bremsdrucks und der rotatorischen Scheibengeschwindigkeit. Für den betrachteten Wertebereich des Reibkoeffizienten wird ein maximaler Realteil von 270,7 1/s erreicht.

Für beide Optimierungsstudien konnte der geforderte maximale Realteil von 15 1/s für den Grenz-Reibkoeffizienten von 0,70 für eine Vielzahl an berechneten Betriebszuständen eingehalten werden. Zudem sind keine weiteren Flatter-Instabilitäten durch die Modifikation des Bremssattels entstanden. Die Realteile der weiteren Modenkopplungen im Bereich kleiner Bremsdrücke werden nur geringfügig erhöht. Es ist anzumerken, dass die Vermeidung der Flatter-Instabilität des originären Bremsengesamtmodells für variable Betriebszustände mit der Anwendung des entwickelten Optimierungsansatz nicht verwunderlich ist. Für die betrachteten Betriebszustände sind die Eigenvektoren der Modalmatrizen annähernd gleich. Ausgenommen sind hiervon die Betriebszustände bei niedrigen Bremsdrücken. Aufgrund der ähnlichen Modalmatrizen würde die entwickelte Methode zur Vermeidung der jeweiligen Flatter-Instabilität auch für die anderen Betriebszustände an den annähernd gleichen Bereichen Material verändern. Aus diesem Grund findet eine Verschiebung des Kopplungspunkts der initial vorliegenden Flatter-Instabilität zu höheren Reibkoeffizienten für eine Vielzahl an Betriebszuständen statt.

Zusammenfassung und Ausblick 6

Mit der vorliegenden Arbeit ist erfolgreich ein Strukturoptimierungsansatz zur gezielten Frequenzverschiebung von ausgewählten Eigenfrequenzen auf vordefinierte Zielwerte für die Anwendung auf Einzelkomponenten und Baugruppen entwickelt worden. An einem realen Bremsengesamtmodell mit vielen Freiheitsgraden wird beispielhaft eine Flatter-Instabilität durch bereits wenige strukturelle Änderungen gezielt vermieden, während keine weiteren Instabilitäten erzeugt werden. Über einen großen Wertebereich von Bremsdruck, Rotationsgeschwindigkeit der Bremsscheibe und Reibkoeffizient zwischen Bremsbelägen und Bremsscheibe werden Flatter-Instabilitäten erfolgreich vermieden.

Mithilfe des FEM-Programms ABAQUS wird eine natürliche Eigenwertanalyse zur Bestimmung der Eigenwerte und Eigenvektoren durchgeführt. Die Eigenwertanalyse wird mit der Topologieoptimierung in LEOPARD geeignet gekoppelt. Numerische Instabilitäten, wie virtuelle Moden oder eine indefinite Steifigkeitsmatrix, werden durch die Verwendung eines hard-kill Strukturänderungsansatzes verhindert. Zur Eigenfrequenzoptimierung werden ausgewählte Frequenzen als Nebenbedingungen betrachtet, während die Minimierung der Masse die Zielfunktion des Optimierungsproblems darstellt. Anhand von zwei Gütefunktionen werden die Sensitivitäten eines ausgewählten, rein imaginären Eigenwerts bestimmt. Mit den zwei Gütefunktionen werden die Verschiebungs- und Dehnungsamplituden ausgewählter Eigenformen geeignet kombiniert. Durch die Minima der Gütefunktionen werden Strukturbereiche gekennzeichnet und modifiziert, wodurch überwiegend die Frequenz des ausgewählten Eigenwerts verändert wird. Mit der simultanen Anwendung der Gütefunktionen auf mehrere Eigenwerte werden verschiedene Bereiche auf der Struktur bestimmt, um eine priorisierte Frequenz auf einen Zielwert zu bringen und andere Eigenfrequenzen an deren Ausgangswerten zu halten. Zur Vermeidung von redundanten Forderungen an die lokale Strukturänderung werden die

M. Deutzer, *Ein Ansatz zur Reduktion von reiberregten Flatter-Instabilitäten durch Manipulation ausgewählter Eigenfrequenzen*, AutoUni – Schriftenreihe 175, https://doi.org/10.1007/978-3-658-46764-7_6

Gütefunktionen für maximal drei Eigenwerte in einer Optimierungsiteration sukzessive ausgewertet. Mittels einer Sigmoid-Funktion wird in einer Schrittweitensteuerung die zu modifizierende Materialmenge im Optimierungsverlauf variiert. Eine Änderung der Modenreihenfolge infolge sich kreuzender Frequenzen wird durch die Berechnung der MAC-Werte der Modalmatrizen von aufeinanderfolgenden Optimierungsiterationen bestimmt. Für kleine MAC-Werte gewährleistet ein Cutback durch die Halbierung der zu verändernden Materialmenge eine erfolgreiche Modenverfolgung.

Anhand von zwei geometrisch verschieden komplexen Einzelkomponenten, einer Platte und einem Bremssattel, werden Optimierungsmodelle unter Definition eines maximalen Bauraums auf Basis von würfelförmigen Elementen (Voxel) mit einer gewählten Elementkantenlänge erstellt. Zur besseren Approximation der realen Bauteilgeometrie werden die Voxel des Strukturrandes geglättet. Die Glättung der freien Flächen von Voxel durch LEOPARD ist abhängig von der Größe der Elementkantenlänge der Voxel. Dadurch ist die Approximation der Frequenzen des Ausgangsmodells durch das Optimierungsmodell abhängig der Voxelgröße und der damit einhergehenden Krümmung der Glättung der Voxel. Anhand des Vergleichs von Masse und Geometrie des Optimierungsmodells zu einem fein vernetzten Ausgangsmodell werden schlecht gewählte Elementgrößen identifiziert. Eine erhebliche Frequenzänderung von $-300\,Hz$ bis $+400\,Hz$ wird für die priorisierte Frequenz beider Einzelkomponenten erzielt, während vier weitere benachbarte Moden nicht mehr als $30\,Hz$ von ihren Ausgangswerten abweichen. Für die Platte ist sogar eine Frequenzänderung von $+500\,Hz$ in 43 Optimierungsiterationen möglich, was einer relativen Änderung der priorisierten, ersten Frequenz von $+44{,}3\,\%$ entspricht, während die benachbarten Frequenzen maximal um $+1{,}8\,\%$ von deren Ausgangswerten abweichen. Die relative Frequenzänderung ist auch beim Bremssattel deutlich; jedoch fällt diese Änderung aufgrund der größeren Absolutwerte der Eigenfrequenzen mit $+21{,}6\,\%$ für die priorisierte Frequenz und maximal $+1{,}1\,\%$ für die benachbarten Eigenfrequenzen kleiner als bei der Platte aus. Grundlegend werden etwa doppelt so viele Optimierungsiterationen für die Platte als für den Bremssattel zur Lösung des Optimierungsproblems benötigt. Generell gilt: Umso geringer der Zielwert der priorisierten Frequenz, desto weniger Iterationen werden zum Erreichen einer zulässigen Struktur benötigt. Im Gegensatz dazu steht die Variation der Anzahl an festzuhaltenden Eigenfrequenzen nicht in direkten Zusammenhang mit der notwendigen Anzahl an Iterationen zur Verschiebung ausschließlich einer Frequenz. Besonders Moden mit einer niedrigen generalisierten Masse nehmen einen hohen Einfluss auf die Identifikation zu modifizierender Bereiche durch die Gütefunktionen. Des Weiteren führt die schlagartige Bildung von Löchern an der Platte zu erheblich schwankenden MAC-Werten in der Modenverfolgung. Nur durch eine

kleinere Schrittweite mittels der Verwendung des Cutbacks der Schrittweitensteuerung ist eine Lochbildung für die Platte zur Verschiebung einer ausgewählten Frequenz möglich. Infolge der Bildung von Löchern werden für die Platte fast doppelt so
viele Optimierungsiterationen wie ursprünglich benötigt, um das Optimierungsproblem zu lösen. Die Masse der Platte wird mit dem Optimierungsansatz um $-7,8\,\%$
relativ zur Ausgangsstruktur bedeutend gesenkt. Für Doppelmoden kann der Optimierungsansatz zur Verschiebung von ausschließlich einer der beiden Frequenzen
direkt angewendet werden. Hervorzuheben ist, dass die Eigenformen während der
Optimierung trotz sich ändernder Frequenzen und der Änderung der Topologieklasse für beide Einzelkomponenten annähernd gleich bleiben.

Im zweiten Schritt wird ein Bremsengesamtmodell mit vordefiniertem Bremsdruck und Bremsscheibenrotation, sowie vorherrschenden Kontakt, optimiert. Modifiziert wird ausschließlich der Bremssattel des Bremsengesamtmodells. Es wird
gezeigt, dass das aus Voxel bestehende Optimierungsmodell des Bremsengesamtmodells gleiche Flatter-Instabilitäten wie das FEM-Ausgangsmodell zeigt. Durch
Anwendung der entwickelten Eigenfrequenzoptimierung wird die Frequenz eines
ausgewählten, rein-imaginären Eigenwerts um -150 Hz für das Gesamtmodell verändert, während sich die anderen Frequenzen nicht mehr als 30 Hz von deren Ausgangswerten unterscheiden. Durch die nachfolgende Stabilitätsanalyse des modifizierten Bremsengesamtmodells wird die erfolgreiche Vermeidung einer Flatter-
Instabilität infolge der Strukturmodifikation aufgezeigt. Damit werden die Untersuchungen von [39] untermauert, dass eine Optimierung einer Bremsenkomponente
des konservativen, dynamischen Systems eine positive Auswirkung auf die Flatter-
Instabilitäten nimmt.

Es wird ein algorithmischer Gesamtansatz entwickelt, der vor und nach jeder
Iteration der Eigenfrequenzoptimierung eine KEA durchführt, um ausgewählte,
komplexe Eigenwerte für einen Reibkoeffizienten von Null zu verändern. Durch
den Gesamtansatz werden in der Frequenzoptimierung ausschließlich Moden mit
hohen Amplituden auf dem zu modifizierenden Bremssattel für die Berechnung der
Gütefunktionen berücksichtigt. Für das gewählte Beispiel wird nach vier Iterationen die Frequenz von einem der koppelnden Eigenwerte um 86 Hz reduziert. Der
Kopplungspunkt der koppelnden Eigenwerte wird von einem Reibkoeffizienten von
0,56 auf 0,75 verschoben. Gleichzeitig wird keine neue Instabilität erzeugt.

Die wenigen erforderlichen Iterationen zum Vermeiden der Flatter-Instabilität
zeigen die hohe Sensitivität der Eigenwerte des gewählten Bremsengesamtmodells
gegenüber geringfügigen strukturellen Änderungen. Die erreichte Vermeidung einer
Instabilität wird durch zahlreiche Unsicherheiten in folgenden Beispielen beeinflusst: Material- und Dämpfungseigenschaften, Nicht-Linearitäten in z. B. Fügestellen, und die Herstellung des optimierten Bauteils. Es wäre sinnvoll, deren Ein-

flüsse auf den Optimierungsprozess in zukünftigen Arbeiten genauer zu untersuchen. Des Weiteren sind die Kopplungsneigungen der Eigenwerte und Robustheitsanalysen der Flatter-Instabilitäten analog [13] in den Gesamtansatz aufzunehmen. Eine Validierung der Ergebnisse des strukturoptimierten Bremsengesamtmodells muss erfolgen. Für die Eigenfrequenzoptimierung ist eine von MAC unabhängige Modenverfolgung zur Steigerung der Effizienz der Strukturmodifikation zu entwickeln. Außerdem ist zu untersuchen, ob eine weitere Massenreduktion mit dem Optimierungsansatz durch eine geeignete Auswertung der Gütefunktionen unter Einhaltung der Zielwerte der Frequenzen möglich ist. Abschließend sollten Vergleichsstudien des entwickelten Optimierungsansatzes zu kommerziellen Tools in der Frequenzoptimierung erstellt und mit den Ergebnissen dieser Arbeit verglichen werden.

Literaturverzeichnis

1. A. Of-Allinger. *Deutschland baut weniger Autos als 1976: Neue VDA-Statistik zur Autoproduktion.* Hrsg. von Auto Motor Sport. 2022.
2. P. Trettin. *Quietschen beim Bremsen als Rücktrittsgrund.* Hrsg. von AutoKaufRecht info. 2013.
3. N. M. Ghazaly, M. El-Sharkawy und I. Ahmed. "A Review of Automotive Brake Squeal Mechanisms". In: *Journal of Mechanical Design and Vibration* 1.1 (2013), S. 5–9.
4. B. Breuer und K. H. Bill, Hrsg. *Bremsenhandbuch: Grundlagen, Komponenten, Systeme, Fahrdynamik.* Wiesbaden: Springer Vieweg Wiesbaden, 2017.
5. H. Ouyang et al. "Numerical analysis of automotive disc brake squeal: a review". In: *International Journal of Vehicle Noise and Vibration* 1.3–4 (2005).
6. B. Allert. *Simulation von Bremsenquietschen: Ein Beitrag zur Prognosegüte.* Bd. Bd. 12. Schriftenreihe des Lehrstuhls fur Baumechanik. Aachen: Shaker, 2014.
7. G. V. Des Roches. "Frequency and time simulation of squeal instabilities – Application to the design of industrial automotive brakes". Diss. Paris: Ecole Centrale Paris, 2011.
8. S. Oberst und J. C. S. Lai. "A critical review of brake squeal and its treatment in practice". In: *INTER-NOISE and NOISE-CON Congress and Conference Proceedings.* 2008, S. 670–680.
9. H. R. Mills. "Brake Squeal". In: *The Institution of Automobile Engineers* Report No. 9162 B (1938).
10. R. T. Spurr. "A Theory of Brake Squeal". In: *Proceedings of the Institution of Mechanical Engineers: Automobile Division* 15.1 (1961), S. 33–52.
11. M. R. North. *Disc brake squeal – a theoretical model.* MIRA research report, 1972.
12. N. Hoffmann et al. "A minimal model for studying properties of the mode-coupling type instability in friction induced oscillations". In: *Mechanics Research Communications* 29.4 (2002), S. 197–205.
13. S. Kruse. *Ein ganzheitlicher Simulationsansatz zur Vermeidung reiberregter Flatterschwingungen an Reibungsbremsen.* Mechanik. Aachen: Shaker Verlag, 2015.
14. U. von Wagner, D. Hochlenert und P. Hagedorn. "Minimal models for disk brake squeal". In: *Journal of Sound and Vibration* 302.3 (2007), S. 527–539.

© Der/die Herausgeber bzw. der/die Autor(en), exklusiv lizenziert an Springer Fachmedien Wiesbaden GmbH, ein Teil von Springer Nature 2025
M. Deutzer, *Ein Ansatz zur Reduktion von reiberregten Flatter-Instabilitäten durch Manipulation ausgewählter Eigenfrequenzen*, AutoUni – Schriftenreihe 175,
https://doi.org/10.1007/978-3-658-46764-7

15. T. Butlin und J. Woodhouse. "Sensitivity of friction-induced vibration in idealised systems". In: *Journal of Sound and Vibration* 319.1–2 (2009), S. 182–198.

16. L. Nasdala. *FEM-Formelsammlung Statik und Dynamik: Hintergrundinformationen, Tipps und Tricks*. 3. Aufl. Wiesbaden: Springer Vieweg Wiesbaden, 2015.

17. S. Koch, H. Godecker und U. von Wagner. "On the interrelation of equilibrium positions and work of friction forces on brake squeal". In: *Archive of Applied Mechanics* 92.3 (2022), S. 771–784.

18. S. Oberst, Z. Zhang und J. C. S. Lai. "The Role of Nonlinearity and Uncertainty in Assessing Disc Brake Squeal Propensity". In: *SAE International Journal of Passenger Cars – Mechanical Systems* 9.3 (2016), S. 980–986.

19. N. Grabner et al. "Nonlinearities in Friction Brake NVH – Experimental and Numerical Studies". In: *SAE Technical Paper 2014-01-2511* (2014).

20. O. Stump. "Ein Beitrag zum Verstandnis des Bremsenquietschens beim Fahrtrichtungswechsel". Diss. Karlsruhe: Karlsruhe Institut fur Technologie Bibliothek, 2018.

21. Z. Zhang, S. Oberst und J. C. S. Lai. "On the potential of uncertainty analysis for prediction of brake squeal propensity". In: *Journal of Sound and Vibration* 377 (2016), S. 123–132.

22. F. Massi et al. "Brake squeal: Linear and nonlinear numerical approaches". In: *Mechanical Systems and Signal Processing* 21.6 (2007), S. 2374–2393.

23. S. Oberst und J. C. S. Lai. "Chaos in brake squeal noise". In: *Journal of Sound and Vibration* 330.5 (2011), S. 955–975.

24. D. Hochlenert und U. von Wagner. "How Do Nonlinearities Influence Brake Squeal?" In: *SAE Technical Paper 2011-01-2365* (2011).

25. S. Kruse et al. "The influence of joints on friction induced Vibration in brake squeal". In: *Journal of Sound and Vibration* 340 (2015), S. 239–252.

26. K. Magnus, K. Popp und W. Sextro. *Schwingungen: Physikalische Grundlagen und mathematische Behandlung von Schwingungen*. Wiesbaden: Springer Vieweg Wiesbaden, 2013.

27. M. Stender et al. "Deep learning for brake squeal: Brake noise detection, characterization and prediction". In: *Mechanical Systems and Signal Processing* 149.107181 (2021).

28. M. Treimer et al. "Uncertainty quantification applied to the mode coupling phenomenon". In: *Journal of Sound and Vibration* 388 (2017), S. 171–187.

29. F. Massi und L. Baillet. "Numerical analysis of squeal instability". In: *International Congress of Novem*. Hal-INSU2005. 2005.

30. A. Bajer, V. Belsky und S.-W. Kung. "The Influence of Friction-Induced Damping and Nonlinear Effects on Brake Squeal Analysis". In: *SAE Technical Paper 2004-01-2794* (2004).

31. N. Hoffmann und L. Gaul. "Effects of damping on mode-coupling instability in friction induced oscillations". In: *Zeitschrift fur Angewandte Mathematik und Mechanik* 83.8 (2003), S. 524–534.

32. G. Fritz et al. "Investigation of the relationship between damping and mode-coupling patterns in case of brake squeal". In: *Journal of Sound and Vibration* 307.3–5 (2007), S. 591–609.

33. J. Hou et al. "Suppression of Brake Squeal Noise Applying Viscoelastic Damping Insulator". In: *2009 International Joint Conference on Computational Sciences and Optimization*. IEEE, 2009, S. 167–171.

34. D. Hochlenert. *Selbsterregte Schwingungen in Scheibenbremsen: Mathematische Modellbildung und aktive Unterdruckung von Bremsenquietschen*. 1. Aufl. Berichte aus dem Maschinenbau. Aachen: Shaker, 2006.

35. Y. Liang, H. Yamaura und H. Ouyang. "Active assignment of eigenvalues and eigen-sensitivities for robust stabilization of friction-induced vibration". In: *Mechanical Systems and Signal Processing* 90 (2017), S. 254–267.

36. H. Ouyang. "Pole assignment of friction-induced Vibration for stabilisation through state-feedback control". In: *Journal of Sound and Vibration* 329.11 (2010), S. 1985–1991.

37. T. Budinsky, P. Brooks und D. Barton. "A new prototype system for automated suppression of disc brake squeal". In: *Proceedings ofthe Institution ofMechanical Engineers, PartD: Journal of Automobile Engineering* 235.5 (2021), S. 1423–1433.

38. U. von Wagner et al. "Active Control of Brake Squeal Via "Smart Pads"". In: *SAE Technical Paper 2004-01-2773* (2004).

39. G. Spelsberg-Korspeter. *Robust Structural Design against Self-Excited Vibrations*. Berlin: Springer Berlin, Heidelberg, 2013.

40. A. Buck. *Simulation von Bremsenquietschen (Brake Squeal)*. Bd. 4. Schriftenreihe des Lehrstuhls fur Baumechanik. Aachen: Shaker, 2008.

41. A. Wagner. *Avoidance of brake squel by a separation ofthe brake disc's eigenfrequen cies: A structural optimization problem*. Bd. 31. Darmstadt: Forschungsberichte des Instituts fur Mechanik der Technischen Universitat Darmstadt, 2013.

42. R. Allgaier. *Experimentelle und numerische Untersuchungen zum Bremsenquietschen*. Bd. 481. Fortschritt-Berichte VDI Reihe 12, Verkehrstechnik/Fahrzeugtechnik. Düsseldorf: VDI Verlag, 2002.

43. G. Spelsberg-Korspeter. "Eigenvalue optimization against brake squeal: Symmetry, mathematical background and experiments". In: *Journal of Sound and Vibration* 331.19 (2012), S. 4259–4268.

44. G. Spelsberg-Korspeter. "Breaking of symmetries for stabilization of rotating continua in frictional contact". In: *Journal of Sound and Vibration* 322.4–5 (2009), S. 798–807.

45. A. Wagner, G. Spelsberg-Korspeter und P. Hagedorn. "Structural optimization of an asymmetric automotive brake disc with cooling channels to avoid squeal". In: *Journal of Sound and Vibration* 333.7 (2014), S. 1888–1898.

46. M. Nelagadde und E. Smith. "Optimization and Sensitivity Analysis of Brake Rotor Frequencies". In: *SAE Technical Paper 2009-01-3046* (2009).

47. Y. Goto et al. "Structural Design Technology for Brake Squeal Reduction Using Sensitivity Analysis". In: *SAE Technical Paper 2010-01-1691* (2010).

48. K. Shintani und H. Azegami. "Shape optimization for suppressing brake squeal". In: *Structural and Multidisciplinary Optimization* 50.6 (2014), S. 1127–1135.

49. T. Matsushima, K. Izui und S. Nishiwaki. "Conceptual Design Method for Reducing Brake Squeal in Disk Brake Systems Considering Unpredictable Usage Factors". In: *Journal of Mechanical Design* 134.6 (2012).

50. S. Carvajal et al. "Excellent Brake NVH Comfort by Simulation – Use of Optimization Methods to Reduce Squeal Noise". In: *SAE Technical Paper 2016-01-1779* (2016).

51. H. J. Soh und J.-H. Yoo. "Optimal shape design of a brake calliper for squeal noise reduction considering system instability". In: *Proceedings of the Institution of Mechanical Engineers, Part D: Journal of Automobile Engineering* 224.7 (2010), S. 909–925.

52. L. Zhang et al. "Component Contribution and Eigenvalue Sensitivity Analysis for Brake Squeal". In: *SAE Technical Paper 2003-01-3346* (2003).

53. P. Mohanasundaram et al. "Shape optimization of a disc-pad system under squeal noise criteria". In: *SN Applied Sciences* 2.547 (2020).

54. P. Mohanasundaram et al. "Multi-references acquisition strategy for shape optimization of disc-pad-like mechanical systems". In: *Structural and Multidisciplinary Optimization* 64.4 (2021), S. 1863–1885.

55. D. Guan, X. Su und F. Zhang. "Sensitivity analysis of brake squeal tendency to substructures' modal parameters". In: *Journal of Sound and Vibration* 291.1–2 (2006), S. 72–80.

56. P. Pedersen und A. P. Seyranian. "Sensitivity analysis for problems of dynamic stability". In: *International Journal of Solids and Structures* 19.4 (1983), S. 315–335.

57. O. N. Kirillov. "Sensitivity of Sub-critical Mode-coupling Instabilities in Nonconservative Rotating Continua to Stiffness and Damping Modifications". In: *International Journal of Vehicle Structures and Systems* 3.1 (2011), S. 1–13.

58. H. Ouyang. "Prediction and assignment of latent roots of damped asymmetric systems by structural modifications". In: *Mechanical Systems and Signal Processing* 23.6 (2009), S. 1920–1930.

59. L. Harzheim. *Strukturoptimierung: Grundlagen und Anwendungen*. 3. uberarbeitete und erweiterte Auflage. Edition Harri Deutsch. Haan-Gruiten: Verlag Europa-Lehrmittel Nourney, Vollmer GmbH & Co. KG, 2019.

60. R. Grandhi. "Structural optimization with frequency constraints – A review". In: *AIAA Journal* 31.12 (1993), S. 2296–2303.

61. S. Zargham et al. "Topology optimization: a review for structural designs under vibration problems". In: *Structural and Multidisciplinary Optimization* 53.6 (2016), S. 1157–1177.

62. H.-G. Kim, S.-h. Park und M. Cho. "Structural topology optimization based on system condensation". In: *Finite Elements in Analysis and Design* 92 (2014), S. 26–35.

63. G. H. Yoon. "Maximizing the fundamental eigenfrequency of geometrically nonlinear structures by topology optimization based on element Connectivity parameterization". In: *Computers & Structures* 88.1–2 (2010), S. 120–133.

64. N. L. Pedersen. "Maximization of eigenvalues using topology optimization". In: *Structural and Multidisciplinary Optimization* 20 (2000), S. 2–11.

65. L. H. Tenek und H. Ichiro. "Eigenfrequency Maximization of Plates by Optimization of Topology Using Homogenization and Mathematical Programming". In: *JSME International Journal, Series C: Dynamics, Control, Robotics, Design and Manufacturing* 37.4 (1994), S. 667–677.

66. C. B. Zhao, G. P. Steven und Y. M. Xie. "Evolutionary optimization of maximizing the difference between two natural frequencies of a vibrating structure". In: *Structural and Multidisciplinary Optimization* 13 (1997), S. 148–154.

67. Q. Li et al. "Topology optimization of vibrating structures with frequency band constraints". In: *Structural and Multidisciplinary Optimization* 63.3 (2021), S. 1203–1218.

68. Z.-D. Ma et al. "Topological Optimization Technique for Free Vibration Problems". In: *Journal of Applied Mechanics* 62.1 (1995), S. 200–207.

69. H. Lopes et al. "Numerical and experimental investigation on topology optimization of an elongated dynamic system". In: *Mechanical Systems and Signal Processing* 165.108356 (2022).

70. A. Kyprianou, J. E. Mottershead und H. Ouyang. "Structural modification. Part 2: assignment of natural frequencies and antiresonances by an added beam". In: *Journal of Sound and Vibration* 284.1–2 (2005), S. 267–281.

71. A. Kyprianou, J. E. Mottershead und H. Ouyang. "Assignment of natural frequencies by an added mass and one or more springs". In: *Mechanical Systems and Signal Processing* 18.2 (2004), S. 263–289.

72. Z.-D. Ma, H.-C. Cheng und N. Kikuchi. "Structural design for obtaining desired eigenfrequencies by using the topology and shape optimization method". In: *Computing Systems in Engineering* 5.1 (1994), S. 77–89.

73. T. D. Tsai und C. C. Cheng. "Structural design for desired eigenfrequencies and mode shapes using topology optimization". In: *Structural and Multidisciplinary Optimization* 47 (2013), S. 673–686.

74. D. D. Sivan und Y. M. Ram. "Mass and stiffness modifications to achieve desired natural frequencies". In: *Communications in Numerical Methods in Engineering* 12.9 (1996), S. 531–542.

75. N. Trisovic. "Eigenvalue Sensitivity Analysis in Structural Dynamics". In: *FME Transactions* 35 (2007), S. 149–156.

76. Y. M. Xie und G. P. Steven. "Evolutionary structural optimization for dynamic problems". In: *Computers & Structures* 58.6 (1996), S. 1067–1073.

77. M. Huseyinoglu und O. Cakar. "Determination of stiffness modifications to keep certain natural frequencies of a system unchanged after mass modifications". In: *Archive of Applied Mechanics* 87 (2017), S. 1629–1640.

78. N. Hoffmann und L. Gaul. "A sufficient criterion for the onset of sprag-slip oscillations". In: *Archive of AppliedMechanics* 73 (2004), S. 650–660.

79. M. Jahn et al. "The extended periodic motion concept for fast limit cycle detection of self-excited systems". In: *Computers & Structures* 227.106139 (2020).

80. M. Deutzer et al. "A novel approach for the frequency shift of a single component eigenmode through mass addition in the context of brake squeal reduction". In: *SAE International Journal of Passenger Vehicle Systems* 16.1 (2023), S. 53–72.

81. S. Koch et al. "ON THE INFLUENCE OF MULTIPLE EQUILIBRIUM POSITIONS ON BRAKE NOISE". In: *Facta Universitatis Mechanical Engineering* 19.4 (2021), S. 613–632.

82. H. Hetzler. "Zur Stabilitat von Systemen bewegter Kontinua mit Reibkontakten am Beispiel des Bremsenquietschens". Diss. Karlsruhe: KIT Scientific Publishing, 2008.

83. D. Dinkler. *Einführung in die Strukturdynamik: Modelle und Anwendungen*. Wiesbaden: Springer Vieweg Wiesbaden, 2016.

84. E. Walter. *Numerical Methods and Optimization: A Consumer Guide*. Cham: Springer, 2014.

85. Dassault Systemes. *ABAQUS/CAE: Hilfe Dokumentation*. 2022.

86. M. Treimer. *Virtualisierung des Bremsgeräuschentwicklungsprozesses zur Sicherstellung einer robusten Anlaufqualität*. Aachen: Shaker Verlag, 2017.

87. V. L. Popov. *Kontaktmechanik und Reibung: Von der Nanotribologie bis zur Erdbebendynamik* . Berlin: Springer Vieweg Berlin, Heidelberg, 2015.

88. K. Knothe und H. Wessels. *Finite Elemente: Eine Einführung für Ingenieure*. Berlin: Springer Vieweg Berlin, Heidelberg, 2017.

89. A. Volpel. *Simulative Untersuchungen zum Stabilitätsverhalten dynamischer Reibmodelle im Frequenzbereich*. Schriftenreihe des Instituts fur Dynamik und Schwingungen, TU Braunschweig. Aachen: Shaker, 2020.

90. S. Ramaswamy. "On the effectiveness of the Lanczos method for the solution of large eigenvalue problems". In: *Journal of Sound and Vibration* 73.3 (1980), S. 405–418.

91. N. Grabner. "Analyse und Verbesserung der Simulationsmethode des Bremsenquietschens". Diss. Berlin: Technische Universitat Berlin, 2016.

92. J. E. Mottershead und Y. M. Ram. "Inverse eigenvalue problems in vibration absorption: Passive modification and active control". In: *Mechanical Systems and Signal Processing* 20.1 (2006), S. 5–44.

93. W. Alt. *Nichtlineare Optimierung: Eine Einführung in Theorie, Verfahren und Anwendungen* . Wiesbaden: Vieweg+Teubner Verlag Wiesbaden, 2002.

94. M. P. Bendspe und O. Sigmund. *Topology Optimization: Theory, Methods, and Applications* . 2. Aufl. Berlin: Springer Berlin, Heidelberg, 2004.

95. C. S. Jog und R. B. Haber. "Stability of finite element models for distributed-parameter optimization and topology design". In: *Computer Methods in Applied Mechanics and Engineering* 130.3–4 (1996), S. 203–226.

96. T. Franke, S. Fiebig und T. Vietor. "Fertigungsgerechte Bauteilgestaltung in der Topologieoptimierung auf Grundlage einer integrierten Gießsimulation". In: *Wissenschaftssymposium Komponente*. Hrsg. von T. Schmall et al. Wiesbaden: Springer Wiesbaden, 2017, S. 33–49.

97. A. Schumacher. *Optimierung mechanischer Strukturen: Grundlagen und industrielle Anwendungen*. Berlin: Springer Vieweg Berlin, Heidelberg, 2020.

98. J. K. Axmann. *Paralleles Optimieren technischer Systeme: Adaptive evolutionäre Algorithmen auf Workstation-Clustern und Mehrprozessor-Systemen*. Berichte aus der Softwaretechnik. Aachen: Shaker, 1999.

99. J.-B. Hiriart-Urruty und C. Lemarechal. *Fundamentals of Convex Analysis*. Berlin: Springer Berlin, Heidelberg, 2001.

100. A. Bagirov, N. Karmitsa und M. M. Mäkela. *Introduction to Nonsmooth Optimization: Theory, Practice and Software*. Cham: Springer, 2014.

101. M. Zhou und G. I. N. Rozvany. "On the validity of ESO type methods in topology optimization". In: *Structural andMultidisciplinary Optimization* 21 (2001), S. 80–83.

102. G. I. N. Rozvany. "Stress ratio and compliance based methods in topology optimization – a critical review". In: *Structural and Multidisciplinary Optimization* 21 (2001), S. 109–119.

103. P. W. Christensen und A. Klarbring. *An Introduction to Structural Optimization*. Dordrecht: Springer, 2008.

104. S. Nayak. *Fundamentals of Optimization Techniques with Algorithms*. Elsevier, 2021.

105. J. S. Arora. *Introduction to Optimum Design*. 4. Aufl. Elsevier, 2017.

106. G. Zoutendijk. *Methods offeasible directions: A study in linear and non-linear programming*. Reprint. Amsterdam: Elsevier, 1960.

107. Z. Kang et al. "A method using successive iteration of analysis and design for large-scale topology optimization considering eigenfrequencies". In: *Computer Methods in Applied Mechanics and Engineering* 362.112847 (2020).

108. Z.-D. Ma, N. Kikuchi und I. Hagiwara. "Structural topology and shape optimization for a frequency response problem". In: *Computational Mechanics* 13 (1993), S. 157–174.

109. B. D. Upadhyay, S. S. Sonigra und S. D. Daxini. "Numerical analysis perspective in structural shape optimization: A review post 2000". In: *Advances in Engineering Software* 155.102992 (2021).

110. N. Olhoff. "Optimal Structural Design via Bound Formulation and Mathematical Programming". In: *Discretization Methods and Structural Optimization – Procedures and Applications*. Hrsg. von H. A. Eschenauer und G. Thierauf. Bd. 42. Lecture Notes in Engineering. Berlin: Springer Berlin, Heidelberg, 1989, S. 255–262.

111. K. Svanberg. "The method of moving asymptotes – a new method for structural optimization". In: *International Journal for Numerical Methods in Engineering* 24.2 (1987), S. 359–373.

112. M. Stender. "Data-driven techniques for the nonlinear dynamics of mechanical structures". Diss. Hamburg: TU Hamburg, 2020.

113. M. Cavazzuti. *Optimization Methods: From Theory to Design Scientific and Technological Aspects in Mechanics*. Berlin: Springer Berlin, Heidelberg, 2013.

114. G. Pan et al. "Optimal Design of Brake Disc Structures for Brake Squeal Suppression". In: *Journal ofPhysics Conference Series* 2101.1 (2021).

115. B. Xu et al. "Topology optimization of continuum structures for natural frequencies considering casting constraints". In: *Engineering Optimization* 51.6 (2019), S. 941–960.

116. P. Zhou, J. Du und Z. Lu. "Topology optimization of freely vibrating continuum structures based on nonsmooth optimization". In: *Structural and Multidisciplinary Optimization* 56 (2017), S. 603–618.

117. N. Karmitsa, A. Bagirov und M. M. Makela. "Comparing different nonsmooth minimization methods and software". In: *Optimization Methods and Software* 27.1 (2012), S. 131–153.

118. M. B. Fuchs und E. Shabtay. "The reciprocal approximation in stochastic analysis of structures". In: *Chaos, Solitons & Fractals* 11.6 (2000), S. 889–900.

119. S. Fiebig. *Form- und Topologieoptimierung mittels Evolutionärer Algorithmen und heuristischer Strategien*. Berlin: Logos Verlag Berlin GmbH, 2016.

120. F. van Keulen, R. T. Haftka und N. H. Kim. "Review of options for structural design sensitivity analysis. Part 1: Linear systems". In: *Computer Methods in Applied Mechanics and Engineering* 194.30–33 (2005), S. 3213–3243.

121. J. D. Deaton und R. Grandhi. "A survey of structural and multidisciplinary continuum topology optimization: post 2000". In: *Structural and Multidisciplinary Optimization* 49 (2014), S. 1–38.

122. C. Wang et al. "A comprehensive review of educational articles on structural and multidisciplinary optimization". In: *Structural and Multidisciplinary Optimization* 64.5 (2021), S. 2827–2880.

123. M. Teimouri und M. Asgari. "Multi-Objective BESO Topology Optimization Algorithm of Continuum Structures for Stiffness and Fundamental Natural Frequency". In: *Structural Engineering & Mechanics* 72.2 (2019), S. 181–190.

124. Z.-D. Ma, N. Kikuchi und H.-C. Cheng. "Topological design for vibrating structures". In: *Computer Methods in AppliedMechanics and Engineering* 121.1–4 (1995), S. 259–280.

125. L. A. Krog und N. Olhoff. "Optimum topology and reinforcement design of disk and plate structures with multiple stiffness and eigenfrequency objectives". In: *Computers & Structures* 72.4–5 (1999), S. 535–563.

126. W. M. Vicente et al. "Concurrent topology optimization for minimizing frequency responses of two-level hierarchical structures". In: *Computer Methods in Applied Mechanics and Engineering* 301 (2016), S. 116–136.

127. M. P. Bendspe. "Optimal shape design as a material distribution problem". In: *Structural and Multidisciplinary Optimization* 1 (1989), S. 193–202.

128. L. Xia et al. "Bi-directional Evolutionary Structural Optimization on Advanced Structures and Materials: A Comprehensive Review". In: *Archives of Computational Methods in Engineering* 25 (2018), S. 437–478.

129. J. H. Zhu, W. H. Zhang und K. P. Qiu. "Bi-Directional Evolutionary Topology Optimization Using Element Replaceable Method". In: *Computational Mechanics* 40 (2007), S. 97–109.

130. J. H. Zhu, W. H. Zhang und D. H. Bassir. "Validity improvement of evolutionary topology optimization: procedure with element replaceable method". In: *International Journal for Simulation andMultidisciplinary Design Optimization* 3.2 (2009), S. 347–355.

131. D. J. Munk, G. A. Vio und G. P. Steven. "Topology and shape optimization me- thods using evolutionary algorithms: a review". In: *Structural and Multidisciplinary Optimization* 52 (2015), S. 613–631.

132. G. I. N. Rozvany. "A critical review of established methods of structural topology optimization". In: *Structural and Multidisciplinary Optimization* 37 (2009), S. 217–237.

133. O. M. Querin, G. P. Steven und Y. M. Xie. "Evolutionary structural optimisation (ESO) using a bidirectional algorithm". In: *Engineering Computations* 15.8 (1998), S. 1031–1048.

134. X. Huang und Y. M. Xie. "Bi-directional evolutionary topology optimization of continuum structures with one or multiple materials". In: *Computational Mechanics* 43 (2009), S. 393–401.

135. G. I. N. Rozvany und O. Querin. "Theoretical Foundations of Sequential Element Rejections and Admissions (SERA) Methods and Their Computational Implementation in Topology Optimization". In: *9th AIAA/ISSMO Symposium on Multidisciplinary Analysis and Optimization*. Viriigina: American Institute of Aeronautics and Astronautics, 2002.

136. X. Huang und Y. M. Xie. "Convergent and mesh-independent solutions for the bidirectional evolutionary structural optimization method". In: *Finite Elements in Analysis and Design* 43.14 (2007), S. 1039–1049.

137. C. Rogsch. "The Influence of Moore and von-Neumann Neighbourhood on the Dynamics of Pedestrian Movement". In: *Traffic and Granular Flow '15*. Hrsg. von V. L. Knoop und W. Daamen. Cham: Springer, 2016, S. 129–136.

138. H. Lopes, J. Mahfoud und R. Pavanello. "High natural frequency gap topology optimization of bi-material elastic structures and band gap analysis". In: *Structural and Multidisciplinary Optimization* 63.5 (2021), S. 2325–2340.

139. X. Y. Yang et al. "Topology Optimization for Frequencies Using an Evolutionary Method". In: *Journal of Structural Engineering* 125.12 (1999), S. 1432–1438.

140. M. Deutzer et al. "Frequency assignments of single component eigenmodes through structural modifications based on a novel approach for brake squeal suppression". In: *ISMA International Conference onNoise and Vibration Engineering 2022*. Proceedings of ISMA2022 including USD2022. Belgien, 2022, S. 4344–4359.

141. S. Chen, Y. Hu und H. An. "Structural optimization with an automatic mode identification method for tracking global Vibration mode". In: *Engineering Optimization* 49.12(2017), S. 2036–2054.

142. R. T. Haftka und Z. Gurdal. *Elements of Structural Optimization*. 3. Aufl. Dordrecht: Springer, 1992.

143. T. Buhl, C. B. W. Pedersen und O. Sigmund. "Stiffness design of geometrically non-linear structures using topology optimization". In: *Structural and Multidisciplinary Optimization* 19 (2000), S. 93–104.

144. X. Huang und Y. M. Xie. "Topology optimization of nonlinear structures under displacement loading". In: *Engineering Structures* 30.7 (2008), S. 2057–2068.

145. X. Huang, Z. H. Zuo und Y. M. Xie. "Evolutionary topological optimization of vibrating continuum structures for natural frequencies". In: *Computers & Structures* 88.5–6 (2010), S. 357–364.

146. O. Sigmund und J. Petersson. "Numerical instabilities in topology optimization: A survey on procedures dealing with checkerboards, mesh-dependencies and local minima". In: *Structural and Multidisciplinary Optimization* 16 (1998), S. 68–75.

147. B. Bourdin. "Filters in topology optimization". In: *International JournalforNumerical Methods in Engineering* 50.9 (2001), S. 2143–2158.

148. A. Kawamoto et al. "Heaviside projection based topology optimization by a PDE-filtered scalar function". In: *Structural and Multidisciplinary Optimization* 44 (2011), S. 19–24.

149. F. Wang, B. S. Lazarov und O. Sigmund. "On projection methods, convergence and robust formulations in topology optimization". In: *Structural and Multidisciplinary Optimization* 43 (2011), S. 767–784.

150. J. Petersson und O. Sigmund. "Slope constrained topology optimization". In: *International Journal for Numerical Methods in Engineering* 41.8 (1998), S. 1417–1434.

151. H. Baier, C. Seeßelberg und B. Specht. *Optimierung in der Strukturmechanik*. Wiesbaden: Vieweg+Teubner Verlag Wiesbaden, 1994.

152. M. Deutzer. *Studien zur experimentellen und simulativen Systemoptimierung beim Bremsenquietschen in Kraftfahrzeugbremsen: Masterarbeit*. Braunschweig, 2019.

153. N. Tupker. *Bremsen-Quietschen: Ein Beitrag zur experimentellen und simulativen Systemoptimierung: Masterarbeit*. Braunschweig, 2019.

154. T. S. Kim und Y. Y. Kim. "Mac-based mode-tracking in structural topology optimization". In: *Computers & Structures* 74.3 (2000), S. 375–383.

155. P. Vacher, B. Jacquier und A. Bucharles. "Extensions of the MAC criterion to complex modes". In: *ISMA International Conference on Noise and Vibration Engineering 2010*. Proceedings of ISMA2010 including USD2010. 2010.

156. T. Franke et al. "Adaptive Topology and Shape Optimization with Integrated Casting Simulation". In: *EngOpt 2018 Proceedings of the 6th International Conference on Engineering Optimization*. Hrsg. von H. C. Rodrigues et al. Cham: Springer, 2019, S. 1263–1277.

157. A. C. Tsikliras und R. Froese. "Maximum Sustainable Yield". In: *Encyclopedia of Ecology*. Hrsg. von B. Fath. Elsevier, 2019, S. 108–115.

158. Y. H. Ren et al. "A smooth approximation approach for optimization with probabilistic constraints based on sigmoid function". In: *Journal of Inequalities and Applications* 38 (2022).

159. F. J. Richards. "A Flexible Growth Function for Empirical Use". In: *Journal of Experimental Botany* 10.2 (1959), S. 290–301.

160. A. Le van. *Nonlinear Theory ofElastic Plates*. San Diego: Elsevier Science, 2017.

161. H. G. Hahn. *Elastizitätstheorie: Grundlagen der linearen Theorie und Anwendungen auf eindimensionale, ebene und räumliche Probleme*. Wiesbaden: Vieweg+Teubner Verlag Wiesbaden, 1985.

162. N. V. Viet, W. Zaki und R. Umer. "Analytical investigation of an energy harvesting shape memory alloy-piezoelectric beam". In: *Archive of Applied Mechanics* 90 (2020), S. 2715–2738.

163. C. Park et al. "A Study on the Reduction of Disc Brake Squeal Using Complex Eigenvalue Analysis". In: *SAE Technical Paper 2001-01-3141* (2001).

164. Hitachi Astemo, Ltd. *Material of Brake Caliper*. Unter Mitarb. von M. Deutzer. 2020.

165. K. Willner. *Kontinuums- und Kontaktmechanik: Synthetische und analytische Darstellung*. Berlin: Springer Berlin, Heidelberg, 2003.

166. M. Gramann et al. "Verfahren zur Bestimmung des Anlegedrucks (DE4310422A1)". Pat. 1993.

167. Q. Yang und X. Peng. "An Exact Method for Calculating the Eigenvector Sensitivities". In: *Applied Sciences* 10.7 (2020), S. 2577.

168. J. Jung et al. "An efficient design sensitivity analysis using element energies for topology optimization of a frequency response problem". In: *Computer Methods in Applied Mechanics and Engineering* 296 (2015), S. 196–210.

169. A. Dalklint, M. Wallin und D. A. Tortorelli. "Eigenfrequency constrained topology optimization of finite strain hyperelastic structures". In: *Structural and Multidisciplinary Optimization* 61.6 (2020), S. 2577–2594.

170. Q. Li, G. P. Steven und Y. M. Xie. "A simple checkerboard suppression algorithm for evolutionary structural optimization". In: *Structural and Multidisciplinary Optimization* 22 (2001), S. 230–239.

171. O. Sigmund. "Design of Material Structures using Topology Optimization". Diss. Lyngby: Technical University of Denmark, 1994.

172. BETA CAE Systems. *ANSA Pre Processor: Hilfe Dokumentation*. 2022.

173. M. Moser. *Messtechnik der Akustik*. Berlin: Springer Berlin, Heidelberg, 2010.

174. R. Allemang und A. W. Phillips. "Experimental Modal Parameter Evaluation Methods". In: *Handbook of Experimental Structural Dynamics*. Hrsg. von R. Allemang und P. Avitabile. New York: Springer New York, 2020.

175. Polytech. *Software des 3D Scanning Vibrometer: Hilfe Dokumentation*. 2022.

176. TFS. *Software experimentelle Modalanalyse: Hilfe Dokumentation*. 2022.

177. M. Moser und W. Kropp. *Korperschall: Physikalische Grundlagen und technische Anwendungen*. Berlin: Springer Berlin, Heidelberg, 2010.

178. R. Allemang, Hrsg. *Topics in Modal Analysis II, Volume 8: Proceedings of the 32nd IMAC, A Conference and Exposition on Structural Dynamics*. Cham: Springer International Publishing, 2014.

179. Verband der Automobilindustrie e. V. *VDA 301: Eigenfrequenzmessung und Modal-Anayse von Bremsscheiben in der Entwicklung (Version 11/2009)*. 2009.

180. T. Butlin und J. Woodhouse. "Sensitivity studies of friction-induced Vibration". In: *International Journal of Vehicle Design* 51.1–2 (2009), S. 238–257.

181. S. Oberst und J. C. S. Lai. "Statistical analysis of brake squeal noise". In: *Journal of Sound and Vibration* 330.12 (2011), S. 2978–2994.

182. M. Nouby et al. "Evaluation of Disc Brake Materials for Squeal Reduction". In: *Tribology Transactions* 54.4 (2011), S. 644–656.

183. S.-W. Kung, K. B. Dunlap und R. S. Ballinger. "Complex Eigenvalue Analysis for Reducing Low Frequency Brake Squeal". In: *SAE Technical Paper 2000-01-0444* (2000).

184. K. Siebertz, D. van Bebber und T. Hochkirchen. *Statistische Versuchsplanung: Design of Experiments (DoE)*. 2. Aufl. VDI-Buch. Berlin: Springer Vieweg Berlin, Heidelberg, 2017.

Printed in the United States
by Baker & Taylor Publisher Services